石油钻采机械探究

马国良◎著

中国商务出版社
·北京·

图书在版编目（CIP）数据

石油钻采机械探究 / 马国良著 . -- 北京 : 中国商务出版社，2024. 8. --ISBN 978-7-5103-5366-6

Ⅰ. TE922 ; TE93

中国国家版本馆 CIP 数据核字第 2024QJ0764 号

石油钻采机械探究

SHIYOU ZUANCAI JIXIE TANJIU

马国良　著

出版发行：中国商务出版社有限公司
地　　址：北京市东城区安定门外大街东后巷 28 号　　邮　　编：100710
网　　址：http://www.cctpress.com
联系电话：010—64515150（发行部）　010—64212247（总编室）
　　　　　010—64515164（事业部）　010—64248236（印制部）
责任编辑：杨　晨
排　　版：北京盛世达儒文化传媒有限公司
印　　刷：宝蕾元仁浩（天津）印刷有限公司
开　　本：710 毫米 ×1000 毫米　　1/16
印　　张：12.75　　　　　　　　字　　数：200 千字
版　　次：2024 年 8 月第 1 版　　　印　　次：2024 年 8 月第 1 次印刷
书　　号：ISBN 978-7-5103-5366-6
定　　价：79.00 元

前　言

在当今世界，能源是推动社会进步和经济发展的关键动力。石油，作为全球能源结构中的重要组成部分，其开采与利用一直是工业发展的核心议题。石油钻采机械，作为实现这一目标的关键工具，其技术进步不仅直接影响着石油资源的高效开发，更在保障国家能源安全、推动经济持续增长以及促进社会稳定发展中扮演着至关重要的角色。

随着全球经济的快速发展，对能源的需求日益增长，石油钻采机械的技术创新已成为满足这一需求的关键。从深海到沙漠，从北极到赤道，石油钻采机械的应用范围不断扩大，技术也在不断地突破与革新。这些进步不仅提高了石油开采的效率和安全性，也极大地降低了开采成本，为石油产业的可持续发展提供了强有力的支撑。

首先，本书对石油和天然气的特性进行了阐述，并介绍了常规钻井工艺流程以及钻井技术的创新发展趋势。其次，系统分析了石油钻机及其关键组件，包括旋转设备、柴油机和压缩机等。深入探讨了钻机的起升系统和气控制系统，为钻采作业的高效运行提供了理论支持。再次，对机械采油设备进行了详尽的分析，包括游梁式和无游梁式抽油机、抽油泵、抽油杆以及井下抽油设备等。特别关注了海洋石油钻采的特殊工艺和设备，如海洋钻井平台和海上钻井采油技术。最后，强调了石油科技人才机制与生态发展的重要性，提出了建立全方位服务人才体制机制和营造良好发展生态的策略，以促进石油科技人才的培养和成长。旨在为石油工程领域的专业人士和学者提供一本综合性的参考书籍，推动石油工业的科技进步和可持续发展。

在撰写本书的过程中，作者深感自身知识的局限性和研究的不足。石油钻采机械是一个庞大而复杂的系统，涉及众多学科和技术领域。本书的撰写，无疑是一次对自我能力的挑战，也是一次对石油钻采机械领域知识的深入学习。恳请各位读者不吝赐教，对书中的不足和错误，提出宝贵意见。让我们共同为石油钻采机械的发展贡献力量，为人类的能源事业添砖加瓦。

作　者

2024.5

目　录

第一章

石油工程基础知识

第一节　石油、天然气常识

一、石油、天然气的性质和成因

石油、天然气是在地壳中所形成的可燃有机矿产，具有流动性，成分极为复杂。

（一）石油的化学组成和物理性质

1. 石油的化学组成

石油是一种极其复杂的混合物，主要由碳、氢两种元素组成，其中碳的含量一般为83%至87%，氢的含量一般为11%至14%，此外还含有少量的硫、氧、氮等元素。

从化合物类型来看，石油主要由烃类和非烃类组成。

烃类化合物是石油的主要成分，可分为烷烃、环烷烃和芳香烃。烷烃是饱和烃，包括正构烷烃和异构烷烃。正构烷烃分子中碳原子呈直链排列，其物理性质随碳数增加而有规律地变化。异构烷烃则具有支链结构。环烷烃是具有环状结构的饱和烃，环的大小和数量不同，其性质也有所差异。芳香烃含有苯环结构，具有特别的稳定性和化学性质。

非烃类化合物在石油中虽然含量较少，但对石油的性质和加工有重要影响。

含硫化合物主要有硫化氢、硫醇、硫醚等，会使石油具有腐蚀性，在加工过程中需要进行脱硫处理。含氧化合物包括有机酸、酚类等，会使石油具有酸性，对设备产生腐蚀。含氮化合物有吡啶、喹啉等，在石油加工中也需要特别关注。

石油的化学组成决定了其物理性质和用途，通过不同的加工工艺，可以将石油转化为各种石油产品，满足不同领域的需求。

根据石油成分被不同溶剂选择溶解及被介质选择吸附的特点，将其分成性质相近的组，称为组分。每个组内包含性质相似的一部分化合物。

（1）油质

油质是由碳氢化合物组成的淡色黏性液体，是石油的主要组成部分。若油质含量高，则石油质量相对较好。油质中含有的石蜡是一种熔点为 37 ～ 76℃的烷烃，呈淡黄色或黄褐色。石蜡含量高时石油易凝固，油井易结蜡，不利于石油的开采。

（2）胶质

胶质的主要成分是碳氢化合物，但氧、硫、氮含量较多，一般为黏性或玻璃状的固体物质。石油中胶质含量少（质量分数约为 1%），是渣油的主要成分。

（3）沥青质

沥青质所含碳氢化合物比胶质更少，含氧、硫、氮化合物更多，为黑色固体物质。胶质和沥青质被称为石油的重组分，是非碳氢化合物比较集中的部分。当胶质、沥青质含量高时，石油质量变差。

（4）炭质

炭质以碳元素状态存在于石油中，含量很少，常称残炭。

2. 石油的物理性质

石油的物理性质包括颜色、密度、黏度、凝固点、溶解性、荧光性、导电性等。

（1）颜色

石油一般呈棕色、褐色或黑色，也有的是无色透明的凝析油。胶质、沥青质含量越高，石油的颜色越深。石油的颜色越淡，质量越好。

（2）密度

从地下采出来的石油称为原油。密度是标准条件下（20℃，0.101MPa）单位体积原油的质量，单位为 t/m^3 或 g/cm^3。原油密度与 4℃纯水密度的比值称为原油相对密度或比重，用符号 D_4^{20} 表示。原油的相对密度一般为 0.75 ~ 0.98，即原油比水轻。通常，相对密度大于 0.92 的原油为重质油或稠油，相对密度介于 0.88 ~ 0.92 的原油为中质油，相对密度小于 0.88 的原油为轻质油。

（3）黏度

原油流动时分子间会产生摩擦阻力，黏度即这种阻力的大小。黏度小的原油的流动性好。原油黏度用符号 μ 表示，单位为 mPa·s（黏度的单位以前常用 P 或 cP），1 mPa·s=1 cP。

（4）凝固点

原油失去流动性时的温度或开始凝固时的温度称为凝固点。含蜡少、重组分含量低的原油的凝固点低，有利于开采和集输。凝固点在 40℃以上的原油称为凝油。

（5）溶解性

石油难溶于水，但易溶于有机溶剂。石油可与天然气互溶。溶有天然气的石油的黏度小，有利于开采。

（6）荧光性

石油在紫外线照射下会发出一种特殊的光，称为石油的荧光性。借助荧光分析可鉴别岩样中是否含有石油。

（7）导电性

石油为非导电体，电阻率很高，这种特性是电法测井划分油、气、水层的物理基础。

（二）天然气的化学组成和物理性质

1. 天然气的化学组成

天然气也是在地壳中生成的一种可燃有机矿产，是以气态碳氢化合物为主的可燃混合气体。通常所说的天然气是指油田气和气田气。按分布特征，地壳中的天然气可分为分散型和聚集型两大类；按与石油产出的关系，又可分为伴生气和非伴生气。分散型天然气主要有溶解于石油或水中的溶解气，吸附或游离于煤层的煤层气，以及封闭、冻结于水分子晶格中的甲烷等气分子形成的固态气水合物。聚集型天然气是单独运移而聚集的游离气，包括气藏气、气顶气和凝析气。只有大规模的游离气聚集才具有开发利用价值。

天然气的主要成分为甲烷（CH_4）、乙烷（C_2H_5）、丙烷（C_3H_8）和丁烷（C_4H_{10}），其中所含甲烷的质量分数可达 80% 以上。此外，天然气中还含有少量的二氧化碳（CO_2）、一氧化碳（CO）、硫化氢（H_2S）及氮（N_2）、氧（O_2）、氢（H_2）。

天然气中，乙烷以上的烃称为重烃。依据重烃的含量，可将天然气分为干气和湿气。干气中甲烷的质量占 95% 以上，湿气中含有 5% ~ 10% 的乙烷、丙烷、丁烷等重烃。湿气常与油共生，是油田或气田中的伴生气。

2. 天然气的物理性质

天然气无色，有汽油味，可燃。天然气的物理性质包括密度、黏度和溶解性等。

（1）密度

天然气密度在 0.6 ~ 1.0 g/cm^3，湿气含重较多，密度大于干气。

（2）黏度

气体黏度是气体内部摩擦阻力的表现，天然气黏度与其组成、压力和温度有关。

（3）溶解性

天然气溶于石油和水，更容易溶于石油。

（三）油气成因说

石油、天然气成因是石油地质界研究的重大课题，它涉及生物、化学、地质学等诸多学科。人类对此问题的认识，也是随着自然科学的发展和油气勘探开发的实践而不断深化的。目前基本上分为有机生成和无机生成两大学派。

有机成因说认为，石油和天然气是在地球上生物起源之后，在地质历史长期发展过程中，由保存在沉积岩中的生物有机质逐步转化而成的，即古代陆地上的动植物遗体被水流带到内陆湖泊、海湾盆地，与原来水中的生物混同泥沙沉积下来，形成有机淤泥；这些淤泥又被后沉积的泥沙层覆盖，与空气隔绝处于缺氧还原环境；在漫长的时间长河中，在合适的地质、生物环境以及压力、温度等条件下，逐渐发生一系列复杂的分解、聚合和物理、化学演化，最终转变成石油或天然气。

无机成因说认为，包括烃类在内的有机化合物质是在宇宙天体的长期复杂的无机演化过程中逐渐形成的，即在地球深处的高温、高压和催化剂的作用下，水（H_2O）、二氧化碳（CO_2）和氢（H_2）等简单无机物质发生复杂的化学反应，形成了石油和天然气。

目前，两种学派都有很多依据和比较充分的解释，不过有机成因说为多数人所接受和应用。

二、油藏、油田的概念

（一）石油地质知识

1. 地壳组成

地球自产生到现在已约有 45 亿 ~ 60 亿年，平均半径为 6371 km。地球内部可分为地核、地幔和地壳 3 个同心排列的圈层。地壳厚度各处不等，厚处达 70 ~ 80 km，薄处只有 5 ~ 6 km，地壳厚度平均为 33 km，密度为 2.7 ~ 2.9 g/cm^3，平均压力为 900 MPa，温度为 15 ~ 1 000℃；地幔平均深度为 2900 km，密度为 3.32 ~ 5.66 g/cm^3，平均压力为 136800 MPa，温度为 1500 ~ 2000℃；地核平均深度为 6371 km，密度为 9.71 ~ 16 g/cm^3，平均压力为 360000 MPa，平均温度为 72000℃。

地壳由岩石组成，岩石依成因的不同可分为三大类：火成岩、变质岩和沉积岩。火成岩（岩浆岩）是高热的岩浆冷凝后形成的岩石，呈块状，无层次，致密而坚硬，如花岗岩、玄武岩、正长石等；变质岩是沉积岩或火成岩在地壳内部的物理化学因素（如高温高压，岩浆的风化等）影响下，改变原来的成分和结构变质而成的岩石，如石灰石变成大理石；火成岩、变质岩和早期形成的沉积岩经风吹雨打、温度变化、生物作用等被剥蚀、粉碎、溶解而形成的碎屑物质及溶解物质，再经风力、水流、冰川、海洋搬运至低凹处沉积下来，越积越厚，经压实、固结的岩层为沉积岩。沉积岩中有层次、孔隙、裂缝和溶洞，并有各种古代动植物残骸遗迹，从而形成化石。

2. 沉积岩的特点

沉积岩分为砂岩、泥岩和石灰岩。普通的砂粒由泥质或石灰质胶结而成，依颗粒直径不同可分为砾石（> 1 mm）、粗砂岩（0.5 ~ 1 mm）、中砂岩（0.25 ~ 0.49 mm）、细砂岩（0.1 ~ 0.24 mm）和粉砂岩（0.01 ~ 0.09 mm）。砂岩具有孔隙，可以储存流体（油、气、水）。岩石孔隙体积与岩石总体积之比称为孔隙度。由于存在孔隙，在压力作用下能通过油、气、水的性质，称为渗透性。砂岩（孔隙大）和灰岩（裂缝发育）都是渗透性好的岩石。普通的泥土（颗粒直径小于0.01 mm）经成岩作用后，呈块状的称泥岩，呈薄片层状的泥岩称为页岩，富含石油质的页岩称为油页岩。油页岩可以提炼石油。石灰岩俗称石灰石，主要成分为碳酸钙，呈块状，致密而坚硬。由于地壳的运动作用和地下水的侵蚀，石灰石常有裂缝和溶洞，石油和天然气可储存其中。

目前已发现的油气田中，99% 以上的油气储集在沉积岩的孔隙、裂缝和溶洞中，其中的砂岩和石灰岩储集层中几乎各占一半。

3. 地质构造

地壳发生升降、挤压褶皱及水平移动，使原来一层层平铺着的沉积岩发生变形，形成地壳的各种构造。

①背斜构造。指岩层向上弯曲的褶曲，其核部地层比外圈地层老。

②向斜构造。指岩层向下弯曲的褶曲，其核部地层比外圈地层新。

③单斜构造。岩层向单一方向倾斜。

④断层。岩层因地壳运动而断裂，在断裂两侧的岩层发生了显著的相对位移，称为断层。

（二）油气藏

有机淤泥层中的有机物质，在成岩过程中逐渐转化成石油或天然气，称为生油层。生油层中分散存在的石油或天然气，当遇有适宜的圈闭地质构造时，油气便排开孔隙水，发生运移，并在圈闭中聚集，形成油气藏。油气藏是同一圈闭内具有同一压力系统的油气聚集。圈闭中只聚集了石油，称为油藏；只聚集了天然气，称为气藏；二者同时聚集，若采出的1 t石油中能分离出1000 m^3以上天然气，称为油气藏。通常所说的油气藏是上述三者的统称。储存的油气量较多，在当前的技术条件和经济条件下具有开采价值的油气藏称为工业油气藏。聚集油气的构造称为储油气构造。

圈闭通常由三部分组成：储集层，为油气提供具有孔隙的空间；盖层，阻止油气向上逸散；遮挡物，阻止油气侧向运移。圈闭是油气藏形成的基本条件，因此一般按圈闭成因，将油气藏划分为五大类。

1. 构造油气藏

由于地壳运动使地层发生变形或变位而形成的构造圈闭，在构造圈闭中的油气聚集称为构造油气藏，它是迄今最重要的油气藏。按照构造圈闭的成因，构造油气藏又可分为背斜油气藏、断层油气藏、裂缝油气藏以及岩体刺穿油气藏。在世界石油和天然气的产量及储量中，背斜油气藏居首位，约占75%。

2. 地层油气藏

储集层是由于纵向沉积连续性中断而形成的地层圈闭，在地层圈闭中的油气聚集称为地层油气藏。地层油气藏又可分为潜山油气藏、地层不整合遮挡油气藏和地层超覆油气藏。

3. 岩性油气藏

储集层的岩性或物性变化所形成的岩性圈闭中聚集了油气，故称为岩性油气藏。根据储集体的类型，岩性油气藏可分为砂岩、泥岩、碳酸岩和火成岩4种，主要为砂岩。按照圈闭的成因，岩性油气藏又可分为砂岩上倾尖灭油气藏、砂岩透镜体油气藏、物性封闭岩性油气藏和生物礁油气藏四类。

4. 水动力油气藏

由水动力与非渗透岩层联合形成的圈闭，使静水条件下油气难以聚集的地方形成了油气聚集，故称为水动力油气藏。

5. 复合油气藏

如果储集层上方和上倾方向是由构造、地层、岩性和水动力等因素中的两种或两种以上因素共同作用而形成的圈闭，则称为复合圈闭。其中，聚集了油气的圈闭称为复合油气藏。

近年来，国内外还发现了大量的非常规储集层油藏，如火成岩油藏、泥岩油藏等；也发现了非常规天然气聚集，如煤层气藏、深盆气藏等。

（三）油气田和含油气盆地

从石油地质上说，油气田是指单一局部构造，同一面积内油藏、气藏或油气藏的总和。若该局部构造范围内主要为油藏，则称为油田；主要为气藏，则称为气田。同一油气田可以是一种类型的油气藏，也可以是多种类型的油气藏。

油气田也可以进行分类。按照地层岩性分类，油气田可分为砂岩性油气田和碳酸岩油气田两类。按照控制产油气面积的地质因素分类，油气田可分为构造油气田、地层油气田、岩性油气田和复合油气田四大类。通常所说的大庆油田、胜利油田等主要是从地理位置上区分的，或指行政管理单位。实际上，它们内部含有多个地质意义上的油田或气田。

某一地质历史时期内，地壳稳定下沉并接受了巨厚沉积物的统一沉降区，称为沉积盆地。发现油气田的沉积盆地，称为含油气盆地。

三、油气资源勘探

油气资源勘探的任务是寻找油气田，以发现和查明油气田为宗旨。勘探分为普查阶段和勘探阶段。前者又分为区域概查、面积普查和构造详查 3 个阶段，后者是探明油气田。

在我国，石油天然气勘探程序基本包括：区域勘探，主要是划分和优选含

油气盆地，提交盆地远景资源量，同时对其进一步开展勘探，划分和优选含油气体系，查清远景资源量的空间分布；圈闭预探，主要是识别圈闭，优选圈闭，提交圈闭潜在资源量，发现油气藏，提交预测储量；油气田（藏）评价勘探，即对已获工业油气流的圈闭进行勘探，提交控制储量和探明储量。

目前进行油气勘探的主要方法和技术有 4 种。

（一）地面地质法

直接观察地表的地质现象，寻找是否有露在地面的“油气苗”，研究岩石、地层情况，分析地下是否有储油构造。在边远地区进行地质调查时，这种方法可发挥一定作用。

（二）地球物理法

地球物理法包括地球物理勘探和地球物理测井，是一种应用高新技术的勘探方法。

1. 地球物理勘探

根据岩石所具有的不同物理性能（如密度、磁性、弹性等），在地面上利用多种专用的精密仪器进行测量，了解地下地质构造情况，判断是否有储油气构造。

2. 地球物理测井

采用专用的测井仪器（如数控测录系统），沿井眼自上而下测录地层的各种物理性能曲线，应用解释技术对测井曲线进行综合分析解释，以正确识别地层，了解地层含油、气、水的情况，为寻找油气藏和开发油气田提供科学依据。

（三）油气遥感技术

利用航空、航天遥感技术获取遥感信息，对油气遥感信息进行处理可得到油气地质遥感图像，对油气地质遥感图像进行处理和解释可寻找油气资源。随着油气遥感技术的发展，形成了两种油气资源探测方法。

1. 间接找油法

利用遥感图像进行目视地质构造解释，推断沉积盆地的地质构造，寻找油气聚集区。

2. 直接找油法

地下如有油气，地表会出现烃类微渗漏，可直接从遥感图像上提取、识别油气信息，预测油气藏。

（四）钻探法

钻探法就是打井找油气。在地面地质法、地球物理法和油气遥感技术初步查明储油构造上钻井，以确切探明地下是否有油、气及油、气、水的分布。

随着勘探技术的发展，尤其是直接找油技术的发展，油气勘探程序必将得到进一步简化。

第二节　常规钻井工艺过程

一、钻井方法

从地面钻开一孔道直达油气层，即钻井。钻井的实质是要设法解决下列问题：①破碎岩石；②取出岩屑，保护井壁，继续加深钻进；③防止油气层污染。

有工业实用价值的钻井方法主要有两种：顿钻钻井法和旋转钻井法。

（一）顿钻钻井法

顿钻钻井法又称为冲击钻井，相应的钻井设备称为顿钻钻机或钢绳冲击钻机，其设备组成及工作原理如图 1–1 所示。周期性地将钻头提到一定的高度向下冲击井底，破碎岩石，在不断冲击的同时向井内注水，将岩屑、泥土混成泥浆，

待井底泥浆碎块积到一定数量时停止冲击，下入捞砂筒捞出岩屑，再开始冲击作业。如此交替进行，加深井眼，直至钻到预定深度。用这种方法钻井，破碎岩石、取出岩屑的作业都是不连续的，钻头功率小、效率低、速度慢，远不能适应现代石油钻井中优质快速打深井的要求，所以便出现了旋转钻井法。

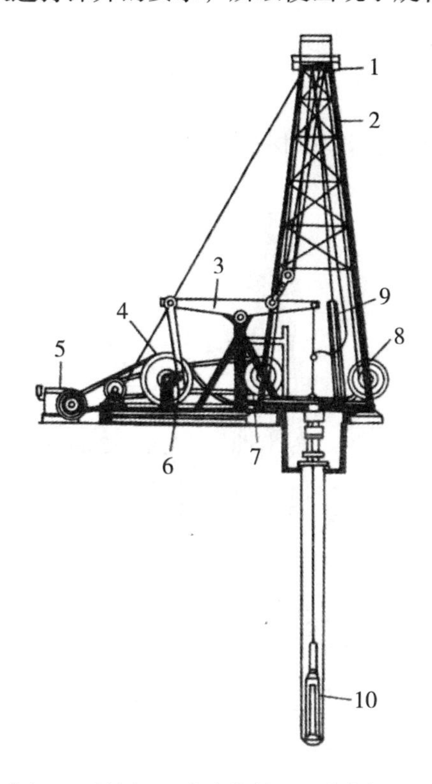

1- 天车；2- 井架：3- 游梁；4- 大皮带轮；5- 动力机；6- 曲柄与连杆；
7- 吊升滚筒；8- 钻井绳滚筒；9- 捞砂筒；10- 钻头

图 1-1　顿钻钻井示意图

（二）旋转钻井法

旋转钻井法包括两大类：地面驱动钻井法和井下动力钻具旋转钻井法。前者又分为转盘旋转钻井和顶部驱动钻井，后者又分为涡轮钻具钻井和螺杆钻具钻井。

1. 转盘旋转钻井

转盘旋转钻井如图 1–2 所示。井架、天车、游动滑车、大钩及绞车组成起升系统，以悬持、提升、下放钻柱。接在水龙头下面的方钻杆卡在转盘中，下部承接钻杆、钻铤、钻头等。钻柱是中空的，可通入清水或钻井液。工作时，动力机驱动转盘，通过方钻杆带动井中钻柱，从而带动钻头旋转。控制绞车刹把，可调节由钻柱重量施加到钻头上压力（俗称钻压）的大小，使钻头以适当压力压在岩石面上，连续旋转破碎岩层。与此同时，动力机驱动钻井泵，使钻井液按地面管汇→水龙头→钻柱内腔→钻头水眼→井底→环形空间→钻井液净化系统顺序进行循环，以连续带出被破碎的岩屑并保护井壁。

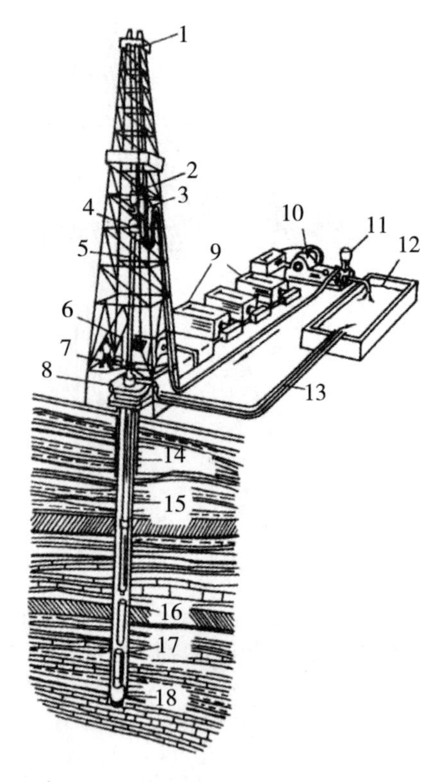

1- 天车；2- 游动滑车；3- 大钩；4- 水龙头；5- 方钻杆；6- 绞车；7- 转盘；8- 防喷器；9- 动力机；10- 钻井泵；11- 空气包；12- 钻井液池；13- 钻井液槽；14- 表层套管；15- 井眼钻柱；16- 钻铤；17- 钻井液；18- 钻头

图 1-2 转盘旋转钻井示意图

由于钻杆代替了顿钻中的钢丝绳，钻头加压旋转代替了冲击，所以钻盘旋转钻井法破碎岩石和取出岩屑都是连续的，克服了冲击钻井的缺点，钻井效

率高。

2. 顶部驱动钻井

20 世纪 80 年代研究开发了顶驱钻井系统，并成功应用于海洋钻机，目前已应用到陆地深井、超深井钻机上，具有良好的发展前景。

顶部驱动钻井采用一套安装于井架内部空间、由游车悬持的顶部驱动钻井系统，常规水龙头与钻井马达相结合，并配备一种结构新颖的钻杆上卸扣装置，从井架空间上部直接旋转钻柱，并沿井架内专用导轨向下送进，可完成旋转钻进、倒划眼、循环钻井液、接钻杆（单根、立根）、下套管和上卸管柱丝扣等操作。

顶驱钻井系统突出的优点是：可节省钻井时间 20% ~ 25%，可大大减少卡钻事故，可控制井涌，避免井喷，用于深井、超深井、斜井及各种高难度的定向井钻井时，其综合经济效益尤为显著。

3. 涡轮钻具钻井

从顿钻钻井到旋转钻井算得上是钻井方法的一次革命，但随着钻井深度的增加，钻柱在井中旋转不仅要消耗较多的功率，且容易引起钻杆折断事故，这就促使人们开始寻找钻杆不转或不用钻杆而驱动钻头的方法。由此产生了将动力装置放到井下，带动钻头旋转的井下动力钻具旋转钻井法。

目前常用的井下动力钻具有两种，即涡轮钻具和螺杆钻具。工作时，钻井泵将高压钻井液经钻柱内腔泵入涡轮钻具中，驱动转子并通过主轴带动钻头旋转，实现破岩钻进。

涡轮钻具钻井的地面设备与转盘旋转钻井相同，但钻柱是不转动的，节约了功率，磨损小，事故少，特别适用于定向井和水平井。

涡轮钻具转速偏高，不易配用牙轮钻头，若采用聚晶金刚石钻头切削块钻头（PDC 钻头）及在 PDC 钻头基础上研制的、热稳定性更好的巴拉斯钻头（BDC 钻头），可在高速旋转和高温下钻井。因此，PDC 和 BDC 钻头的出现，为涡轮钻具的应用开辟了广阔的前景。

4. 螺杆钻具钻井

螺杆钻具是一种由高压钻井液驱动的容积式井下动力钻具。钻井液驱动转子

（螺杆）在衬套中转动，带动装在其下端的钻具破岩钻进。

螺杆钻具结构简单、工作可靠，具有大扭矩、低转速的特性，可配用普通牙轮钻头，也可配用金刚石钻头，从而可提高钻头进尺和使用寿命。它的这些性能优于涡轮钻具，因此也是一种钻定向井、水平井、深井的，很有发展前途的井下动力钻具。

二、钻井工艺过程

一口井从开钻到完钻要经过多道工序，完成三项任务：破碎岩石；取出岩屑，保护井壁；固井和完井，形成油流通道。石油机械工程技术人员应了解一口井的钻井过程，了解钻机的使用方法及钻井工艺对钻井设备的要求。

（一）井身结构与钻具组合

1. 井身结构

井身结构指的是下入井中的套管层数、尺寸、规格和长度以及各层套管相应的钻头直径，如图 1–3 所示。一口井的井身结构是根据已掌握的地质情况和要求的钻井深度在开钻前拟定的。

（1）导管

防止地表土层垮塌，引导钻头入井，并导引上返的钻井液流入净化系统。导管通常下入的深度为 30 ～ 50 m。

（2）表层套管

下入表层套管的目的在于加固上部疏松岩层的井壁，封住淡水砂层、砾石层或浅气层；安装井控设备并支撑随后下入的技术套管。表层套管的深度一般为 100 m，深度可达 300 ～ 400 m。

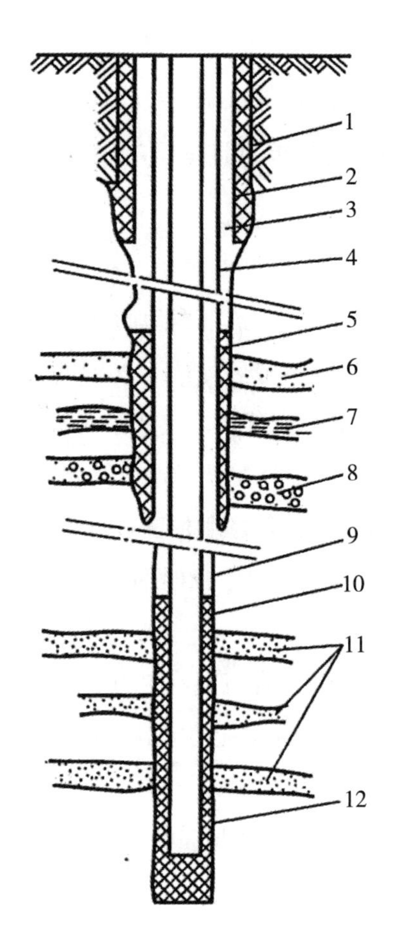

1- 导管；2- 表层套管；3- 表层套管水泥环；4- 技术套管；5- 技术套管水泥环；6- 高压气层；7- 高压水层；8- 易塌地层；9- 井眼；10- 油层套管；11- 主油层；12- 油层套管水泥

图 1-3 井身结构示意图

（3）技术套管

技术套管是位于表层套管以内的套管。下入技术套管是为了隔绝上部的高压油、气、水层或漏失层及坍塌层。深井、超深井及地质情况复杂时，需下入多层技术套管。

（4）油层套管

油层套管是下入井内的最后一层套管，以形成坚固的井筒，使生产层的油或气由井底沿该套管流至井口。

在各层套管与井壁的环形空间都应注入水泥加固（固井）。为节省钢材、降低钻井成本，在满足钻井工艺要求的前提下应少下或不下技术套管。有的井会在技术套管下部下入尾管（衬管）。

2. 钻具组合

钻具组合（或称钻具配合）是指根据地质条件与井身结构、钻具来源等决定钻井时采用何种规格的钻头、钻铤、钻杆、方钻杆，这些钻具配合，连接起来组成钻柱。合理的钻具配合是确保优质、快速钻井的重要条件。

入井钻具应尽量简单。在能满足要求时，尽量只用一种尺寸的钻杆，以简化钻井器材装备，便于起下作业和处理井下事故。钻深井时，由于钻柱自身很重，钻杆强度不够，故采用复合钻杆。此时两种钻杆尺寸可相差一级，大尺寸者在上部。

一口井的井身结构和钻具配合可以在钻井过程中根据具体情况适当调整。选择钻机时，必须保证该钻机的起重能力能满足提升最重钻柱和下最重套管柱的要求。

制定钻机标准时，应根据名义钻井深度 L 相应的标准井身结构与钻具组合，以确定钻机有关的基本参数。

（二）钻前准备

钻井前的准备工作十分重要，主要包括：平整井场，打好水泥基础；钻井设备的搬迁和安装；井口准备。

井口准备主要指下导管和钻鼠洞。如图 1–4 所示，在井口中央掘一个圆形井，下入一圆形导管，用混凝土固结；在离井口中心不远处的钻台前侧钻出深 17 ~ 18 m 的浅洞（称为鼠洞），下入一根钢管，用于钻井过程中存放方钻杆；在转盘外侧距中心 1 m 多处钻另一浅孔（称为小鼠洞），下入钢管，用于钻进过程中接单根时存放钻杆。在大多数情况下，鼠洞可由钻井泵打出的高速清水流冲出，也可由钻机带有的专用设备钻出。

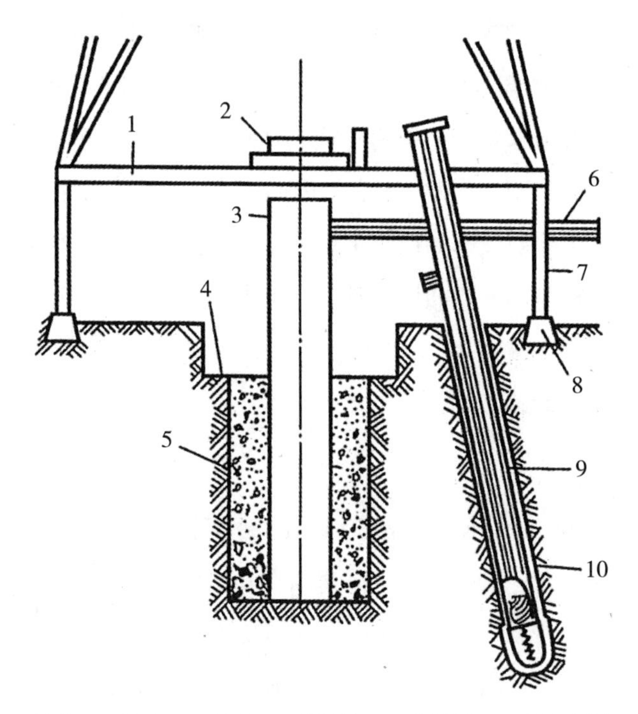

1- 钻台；2- 转盘；3- 导管；4- 圆形井；5- 混凝土；6- 钻井液出口；
7- 井架底座；8- 井架基墩；9- 鼠洞管；10- 鼠洞

图 1-4　下导管和钻鼠洞示意图

（三）钻进

一口井开钻前应做如下准备工作：①定井口位置；②修路，平井场；③打好水泥基础；④备足各种钻井器材，如钻杆、钻铤、钻头及钻井泵配件等。

钻进的过程：将部分钻柱（钻铤）的重力作用在钻头上形成钻压，由地面或井下动力带动钻头旋转，使之破碎井底岩石；通过循环钻井液将破碎产生的岩屑带到地面。这是打开油气层的主要手段。

1. 全井钻进的工艺过程

①第一次开钻（一开），下入防止地表土层垮塌的导管后，从地面钻出较大的井眼到一定深度，下入表层套管。

②第二次开钻（二开），从表层套管内用小一些的钻头往下钻进。如果地层情况不复杂，可直接钻到预定井深完井；当遇到复杂地层，用钻井液难以控制时，便要起钻，下入技术套管（中间套管）。

③第三次开钻（三开），从技术套管内用再小一些的钻头往下钻进。依上述道理，或可一直钻达预期井深，或再下第二层技术套管，进行第四次、第五次开钻，最后达到预期井深，下入油层套管，进行固井、完井作业。

2. 钻井作业

包括如下五道工序：

（1）下钻

将由钻头、钻铤、钻杆、方钻杆组成的钻柱下入井中，使钻头接触井底，准备钻进。具体操作为：挂吊卡，以高速挡提升空吊卡至一立根高度；二层台处扣吊卡，将立根提至井眼中心，对扣；拉猫头悬绳（或悬绳器）上扣；用猫头、大钳紧扣；稍提钻柱，移出吊卡（或提出卡瓦）；用刹车系统控制下放速度，将钻柱下放一立根距离；借助吊卡（或卡瓦）将钻柱轻坐落在转盘上，从吊卡上脱开吊环。再挂吊卡，重复上述操作，直至下完全部立根，接上方钻杆准备钻进。

（2）正常钻进（又称纯钻进）

启动地面或井底动力驱动系统，通过钻柱带动井底钻头旋转；借助刹车系统，控制钻柱（钻铤）作用在钻头上的重力，对钻头适当加压（钻压）以破碎岩石；同时开动钻井液泵循环钻井液，冲洗井底，携出岩屑。根据地层情况、钻进深度、钻头类型等，使钻头转速、钻压、钻井液流量和性能等都处于较佳参数值，就能获得较快的钻进速度。

（3）接单根

随着正常钻进的继续进行，井眼不断加深，需不断地接长钻柱。每次接入一根钻杆，称为接单根。采用顶驱钻井系统时，每次接入一立根（由 2 ~ 3 根单根组成）。具体操作为：上提钻柱全露方钻杆，用吊卡或卡瓦将其放在转盘上；卸开并微提方钻杆，移至小鼠洞上方并与其中的单根对扣；拉猫头悬绳（或用悬绳器）上扣；从小鼠洞中提出单根移至井中钻柱上方，对扣；拉猫头悬绳（或用

悬绳器）上接头丝扣；用猫头、大钳紧扣；稍提钻柱，移出吊卡（或提出卡瓦），下放钻柱至井底，继续钻进。

（4）起钻

更换新钻头时，需将井中钻柱全部取出，称为起钻。每起卸一立根构成一起钻操作循环，直到将钻头提出井口。具体操作为：上提钻柱全露方钻杆，将其放在转盘上；旋下方钻杆，将方钻杆—水龙头置于大鼠洞中；提升钻柱至一立根高度，并放在转盘上；用猫头和大钳（或松扣气缸）松扣；上钳卡住接头，转盘正转卸扣；移动立根入钻杆盒和二层台指梁中，摘开吊卡；下放空吊卡至井口。

（5）换钻头

用专用工具卸下旧钻头，换上新钻头。

换完钻头便开始下钻，重复上述作业。下钻→正常钻进→接单根（立根）→起钻→换钻头→下钻，构成正常钻进作业的大循环，重复直至钻达预定井深。

钻进作业的各道工序中，仅纯钻进取得钻井进尺，其余都是辅助操作。应研制、推广井口机械化装置，使送钻、接单根、起钻操作机械化，减轻工人劳动强度，创造安全工作条件，缩短钻井生产辅助时间，提高经济效益。

（四）固井

在井眼内下入一层套管，并在套管与井壁的环形空间中灌注水泥浆进行封固，称为固井。依井身结构的不同，钻井过程中有时仅需下一层套管（如油层套管），有时需下多层套管（如表层套管、技术套管、油层套管），最终形成一串轴心线重合的套管柱。因此，一口井从开始到完成，需要进行数次固井作业。

（五）完井

完井也称油井完成，是使井眼与油气储集层连通的工序，包括钻开生产层、确定完井的井底结构、安装井底（下套管固井或下入筛管）、使井眼与生产层连通、安装井口装置等。完井是钻井与采油生产、油气稳产高产的关键环节。

合理的井底结构应保证：油层具有最大的渗透面；油藏与油井有最好的流通

性；能防止油、气、水互窜；对多层油井，能保证各油层互不窜通，以便进行分层开采。根据不同的油气储集层条件，完井井底结构大体分为四大类：封闭式井底完井、敞开式井底完井、混合式井底完井和防砂完井。这四大类中又可分为射孔完井、裸眼完井、贯眼完井、衬管完井等。

①大多数的储集层都可采用射孔完井方式，最适合非均质储集层。钻开整个油层后，下入油层套管，注水泥，再下射孔枪，发射子弹，射穿套管、水泥环和油层，使油层与油井通过弹孔相通。射孔工艺分为正压射孔和负压射孔，前者工具简单，无井喷危险，但对储集层有污染，已基本停用。

②裸眼完井时，渗透面积大，油流阻力小，但井底易坍塌。当钻穿油层后，在油层部位下入带孔眼的筛管，只用水泥将油层以上的套管封固起来，即贯眼完井，其缺点仍然是不能防止油层坍塌。先将油层套管下到油层的顶部，固井，再钻开油层，下入带孔眼的衬管，即衬管完井，其缺点与贯眼完井类似。衬管上部装有堵塞器和悬挂器，前者用于隔开油层和井眼上部，后者将衬管悬挂于套管上。

③近年来，随着水平井技术的不断应用，逐渐形成了水平井完成方法，且正处于发展中。水平井完井比常规井难度大，已出现的完井方法有很多种，常用的有裸眼完井、筛孔 / 割缝衬管完井、筛孔 / 割缝衬管带管外封隔器完井、衬管固井完井。短半径水平井造斜曲率半径小，采用裸眼完井、筛孔 / 割缝衬管完井法；中半径、长半径水平井可根据地层条件，从产量、生产测井、生产控制、防砂、注水注汽量控制、修井完井费用等方面考虑，灵活选用完井方法。

三、钻井基本参数

（一）机械钻速

纯钻进时每小时进尺，以 v_m 表示，单位为 m/h。除钻头类型、磨损程度、水力功率利用、井底清洁状况外，影响机械钻速的因素主要是钻压、钻头转速、钻井液流量和钻井液性能。

（二）钻压

作用在钻头上的压力简称钻压，一般采用钻头直径单位长度上的压力数值，以 W 表示，单位为 kN/mm 或 t/in（1 in=2.54 mm）。一般来说，机械钻速随钻压增大而升高，可表示为：

$$v_m \propto (W - W_0) \tag{1-1}$$

式中，W_0 为门限钻压。

（三）钻头转速

对地面旋转系统，钻头转速为转盘或顶驱系统驱动方钻杆的转速；对地下旋转系统，钻头转速为涡轮钻具或螺杆钻具转速。钻头转速以 n 表示，单位为 r/min。机械钻速基本上随转速成比例地提高，在浅井、软地层更是如此。

$$v_m \propto n^a \quad (\alpha \leqslant 1) \tag{1-2}$$

对浅井、软地层，刮刀钻头转速一般为 200 ~ 250 r/min，可高达 300 r/min 以上；中深井或中硬地层为 80 ~ 150 r/min ；深井或硬地层为 60 ~ 100 r/min。

（四）钻井液流量

钻进过程中，由地面钻井泵向钻柱内孔注入，经过钻头水眼流出，再从钻柱和井壁（或套管）之间的环形空间返回地面，周而复始、不断循环的流体称为钻井液或洗井液，石油现场习惯称其为钻井泥浆。钻井液是保证正常、安全、高效钻井的重要条件之一，被称为钻井的血液。钻井液的主要作用：携带出被钻头破碎的岩屑，经净化系统除去岩屑后继续循环使用；冷却和润滑钻头、钻柱，减少磨损，延长使用寿命；巩固井壁，防止井壁坍塌，阻止液体渗入地层；平衡地层压力，防止井喷和井漏；采用涡轮钻具、螺杆钻具或喷射钻井时，向井底输送水功率。此外，从携带出的岩屑及油气还可以判断地层的油气资源和岩层状况。

钻井泵单位时间内输出的钻井液称为钻井液流量，以 Q 表示，一般用 L/s 为单位。石油矿场习惯称其为钻井液排量。

钻井液流量对机械钻速影响明显。在井底岩屑被钻井液冲洗干净之前，增大流量可使钻速提高；当排量大到足够洗净井底并携带岩屑上返地面时，再增大排量对钻速已无显著影响。图 1–5 为钻井液循环示意图。

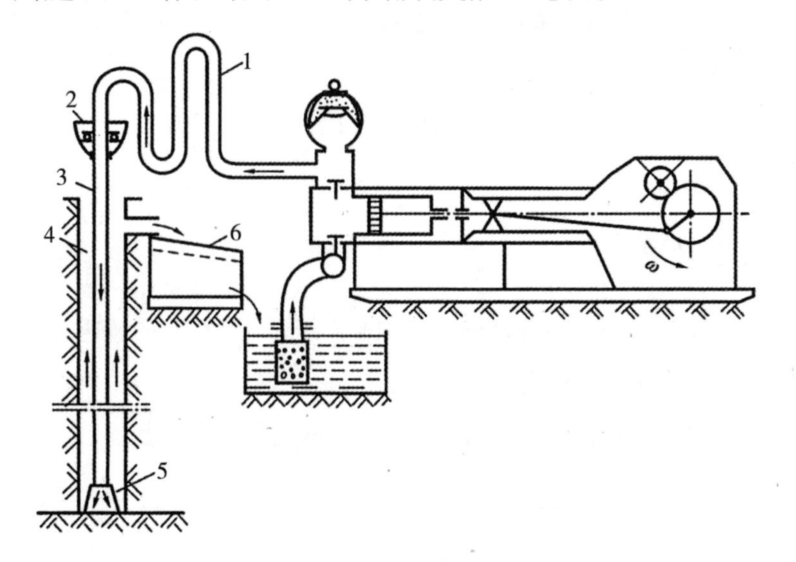

1- 地面管汇；2- 水龙头；3- 钻柱；4- 环形流道；5- 钻头；6- 钻井液净化系统

图 1-5 钻井液循环示意图

（五）钻井液性能

随着钻井技术的发展，钻井液的组成越来越复杂：①液相，即水或油；②活性固相，包括人工加入的商业膨润土、地层进入的造浆黏土和有机膨润土；③惰性固相，即岩屑和加重材料；④用于调节活性固相在钻井液中分散状态和钻井液性能的各种添加剂。

钻井液性能通常用密度和流变性（黏度和切力）表示。其中，密度大，井中液柱对岩石的压力加大，岩石被压得愈紧，愈难以破碎，机械钻速会下降；黏度和切力大，清洗井底的能力减弱，也会使机械钻速下降。钻井液中固相物质含量的多少对钻井液的黏度和切力有明显影响。固相越少，机械钻速越高。

四、钻井事故及处理

在钻井过程中，地质条件和人为因素常常会引发异常情况或事故，如井漏、井喷、卡钻、断钻杆、落物等，对此都应及时处理。

（一）井漏、井塌

当井眼中钻井液液柱压力大于地层压力时会引起钻井液漏失。造成井漏的原因可能有：钻遇疏松地层，开泵过猛而憋漏；钻遇渗透性地层，如渗透性良好的砂岩，发生渗透性漏失；钻遇地层断裂带或裂缝，如石灰岩裂缝发育地层或石灰岩大溶洞，发生井漏。

井漏会使钻井液池液面下降，井口返出的钻井液量减少，甚至循环失灵。发生井漏时应首先设法提高钻井液黏度、切力，相应降低钻井液比重和泵的排量。严重漏失时应在钻井液中加入堵漏物质，封堵漏失层。

钻进时，井内钻井液的失水进入岩石颗粒，降低岩石的胶结力。有些岩层，如黏土、页岩和泥岩等，经钻井液浸泡后发生膨胀、剥落掉块，会导致井壁的不稳固和坍塌。严重井塌可能引起落石卡钻等事故。

采用优质低失水钻井液增加井内钻井液柱的压力，避免钻头停在易塌地层循环钻井液等，都可防止井塌的发生。

（二）井喷

钻井过程中，由于钻井液密度或高度降低，快速起钻时的抽汲作用，特别是遇到高压油、气、水地层时，地层内的压力大于钻井液液柱压力，可能导致地层流体流入井筒，使井筒内出现钻井液连续或间断喷出的现象，这称为井涌。失去控制的井涌称为井喷。井喷是钻井中的严重事故。为了避免发生井喷，事前应充分了解地层压力状况，及时调整钻井液性能，同时要在井口安装井控设备。

（三）卡钻

卡钻是钻井中常发生的事故，依成因不同可分为沉砂卡钻、落石卡钻、地层膨胀卡钻、泥饼卡钻、键槽卡钻、泥包卡钻、落物卡钻等。

1. 沉砂卡钻

如果用清水钻进或钻井液黏度低、切力小，悬浮岩屑能力差，稍一停泵岩屑就会下沉，造成沉砂卡钻。接单根时间过长或泵因突然故障而需停泵检修，也可能造成卡钻。

2. 落石卡钻

钻进时遇到疏松、胶结性不好的地层，发生井塌时容易造成落石卡钻。

3. 地层膨胀卡钻

钻进时遇到疏松、多孔隙和膨胀性地层时，若钻井液性能不好，失水大，渗入地层中并浸泡地层，导致地层膨胀、井径缩小，就会造成地层膨胀卡钻。

4. 泥饼卡钻

如果钻井液性能不好或含砂量过大，就会在井壁上形成一层很厚的泥饼。在砂岩处形成的泥饼厚，页岩、石灰岩处次之。在泥饼表面往往黏附很多岩屑，使井径变小。当钻柱贴向一侧井壁时，钻柱受到很大的侧向液静压力，使其紧贴泥饼，产生巨大的摩擦力，就会导致泥饼卡钻。

5. 键槽卡钻

在井斜角及方位角变化的井中，由于钻柱在“狗腿”处旋转及多次下钻，在该处拉磨以至于在井壁上磨出了一条细槽（一般略大于接头直径，但小于钻头直径），若起钻时钻头恰落入此槽内（键槽），即遇卡形成键槽卡钻。

为了处理卡钻事故，钻机应具备足够的短时提升能力。对机械传动的钻机，绞车应配备事故挡，转盘上必须有倒挡，转盘转速及扭矩能进行调节。

（四）钻具事故和落物事故

在转盘钻井时，较常见的是钻杆和钻铤的折断、滑扣、脱扣和粘扣等。掉落井内的钻具俗称落鱼。较常见的井下落物事故有掉牙轮（包括掉牙轮或牙轮轴、断巴掌、掉弹子）、刮刀钻头断刀片、测斜仪、钻台上的工具（榔头、扳手、吊钳销子、电缆等）。出现这些事故后要进行打捞，从而影响正常工作。

五、井斜及控制措施

在有关钻井技术的著作中，经常见到井眼轨道和井眼轨迹两个术语。二者含义不同：前者是事先预设的井眼轴线形状；后者是已钻成的实际井眼轴线形状。按照设计轨道不同，井眼分为两大类：直井和定向井。直井的轨道只是一条铅垂线，无须专门设计。从 19 世纪末旋转钻井诞生到 20 世纪 30 年代都是打直井，预想的井眼轨道都是一条铅垂线，但实际的井眼轨迹都是一条倾斜扭曲的空间曲线，即井斜。

产生井斜的原因有 3 个：一是地质因素，即地层各方向具有不均匀的可钻性、沿钻头轴线方向出现软硬交错地层、垂直于钻头轴线方向的地层可钻性发生变化等；二是钻具因素，即井底钻具组合产生倾斜和弯曲，对井底造成不对称切削，这可能是钻具与井眼间有间隙、钻压偏大、设备安装不正等原因造成的；三是钻井全过程中井眼不断扩大，钻头在井眼中左右移动。

井斜是衡量井身质量的重要指标，常用实际的井眼轴线在其垂直面和水平面上投影的一些参数来标识井斜情况，并作为控制井身质量的指标。这些参数有井斜角、井斜方位角、井斜变化率、方位变化率、全变化角、全角变化率等。

①井斜角。井眼轴线某点的切线沿井眼前进方向的延伸线（称井眼方向线）与铅垂线之间的夹角。

②井斜方位角。将井眼轴线投影在水平面上，其某点的切线沿井眼前进方向的延伸线（称井眼方位线或井斜方位线）与正北方向的夹角，即从正北方向开始，顺时针方向旋转到井眼方位线上所转过的角度。

③井斜变化率。单位长度井段（一般取 30 m）内井斜角的变化值。

④方位变化率。单位长度井段（30 m）方位角的变值。

⑤全变化角。某井段相邻两测点间井斜与方位的空间角变化值。

⑥全角变化率。单位长度井段内全角的变化值，又称狗腿严重度。全角变化率即井眼曲率，与井斜变化率不同。

为保证井身质量，对直井井眼轴线的偏斜程度是有规定的，称井斜标准。各油田依地层条件等具体情况都有相应的规定。通常采用的井斜控制参数是最大全角变化率和井底最大水平位移。例如，某井设计井深 2000 m，规定井底最大水平位移不超过 50 m；测点在 0 ~ 1000 m 内最大全角变化率不大于 1°40'，测点在 1001 ~ 2000 m 内最大全角变化率不大于 2°10'。

井斜超过规定标准将引起一系列不良后果，给钻井增加难度，甚至引起钻井事故，如钻柱的过度磨损或折断、键槽卡钻、下套管不畅；井底水平位移过大会打乱油层处井眼的合理分布，降低采收率；井斜偏大会影响以后的分层开采及注水采油效果等。

因此，钻井时应尽量采取措施防止井斜。可采用满眼钻具钻井，效果很好。满眼钻井法又叫刚性配合法，即通过在钻铤弯曲处加上扶正器增加受压部分刚度，减小与井壁间的间隙，使钻具居于井眼中心，防止井斜。具体做法是：采用大直径钻铤或方钻铤，在计算好的位置用两个以上硬质合金扶正器等。

钻井过程中，当发现井斜超过规定值时，应及时采取措施纠正。纠正方法有：钟摆钻具纠斜；造斜工具纠斜（造斜方法与定向井相同）；用水泥填死井斜严重井段，从上部井斜合格处重钻第二口新井眼。

六、钻取岩心

在油气勘探和开发过程中，采用岩屑录井、地球物理测井、地球化学测井、地层测试等方法可以收集到各种资料，了解地层情况。但这都是间接的方法，有一定的局限性，只有钻取特定地层较大量的岩心才可以得到完整的第一性资料。通过对岩心的分析研究可以获得各岩层的特性和地层生油气条件，确定储集层中油、气、水的分布，了解油气层的孔隙度、渗透率、含油气饱和度及有效厚度等，进而指导油气田的开发。

钻进取岩心的操作步骤：环状破碎井底岩石，形成圆柱体岩心；保护岩心，避免循环钻井液冲蚀和钻柱转动的机械碰撞；当钻进取心达到一定长度（通常为一个单根长度，也可进行长筒取心，达几十米至几百米）后，从形成岩心的底部割断并夹住，再起钻，岩心随钻柱一同被取到地面；从钻柱中取出岩心，按照次序排列。

取心钻头是钻进地层、形成岩心的关键工具。外岩心筒上接钻具，下接取心钻头。内岩心筒的作用是在取心钻进时接收、储存和保护岩心；其上端还装有分水接头及单流阀（回压阀），防止钻井液进入内岩心筒，并及时使筒内液体排出。岩心爪在取心钻进结束后用于割断岩心，起钻时承托已割取的岩心。悬挂装置将内岩心筒悬挂到外岩心筒的顶部，避免内岩心筒旋转磨损岩心。

取心时，力求获得钻进进尺同样长度的岩心，实际上由于冲蚀和磨损等，往往不能将所钻取的全部岩心取出。一般以岩心收获率来评价取心水平，即

岩心收获率 = 实际取出岩心长度 / 取心钻进进尺 ×100%

第三节　钻井技术新发展

一、喷射式钻井

钻井过程中，钻井液及时而干净地将岩屑携带到地面是快速安全钻进的前提。理论研究和实践表明，只有及时地将岩屑冲离井底，才有可能使上返的钻井液将岩屑带出。为此研究出了一种喷射式钻头，即在钻头的水眼处安装可以产生高速射流的喷嘴，钻井液通过喷嘴后以高速射流形式冲击岩屑，使其快速离开井底，保持井底干净；在一定条件下，高速射流还可以直接破碎岩石。这种利用高速射流的水力作用与机械破碎相结合以提高机械钻速的方式，即喷射式钻井。

喷射式钻井的主要特点：射流喷射速度高，一般为 100 ~ 150 m/s；泵压高，一般大于 15 MPa，甚至达 35 MPa；泵功率大，中深井、深井配备的泵功率为 735 ~ 1176 kW（1000 ~ 1600 hp，1hp=745.6999 W）；喷射钻头压力降和水功率高，一般占泵压和泵功率的一半以上（50% ~ 75%）；排量适当，在满足环空上返液流携屑要求的前提下，控制返速为 0.5 ~ 1.0 m/s。实践表明，喷射式钻井可大幅提高机械钻速和钻头进尺，在软地层效果尤为显著。

钻头喷嘴处射出的喷射流可以用喷射速度、冲击力和水功率三个参数表征。由此形成 3 种工作方式：最大喷射速度、最大冲击力、最大钻头水功率。我国各油田普遍采用最大钻头水功率工作方式。此观点认为，破碎岩石、冲洗井底需要一定的能量。单位时间内射流所含的能量越大，钻进速度越快。因此，主张在地面泵提供一定水功率的条件下，将尽可能多的部分分配在钻头上。

设地面泵提供的水功率为 N，泵出口压力为 p，钻头水眼接收的水功率为 N_b，喷嘴处压力降为 p_b，可以证明：

$$N_{bmax}=\frac{2}{3}N \tag{1-3}$$

或

$$p_{bmax}=\frac{2}{3}p \tag{1-4}$$

也就是说，在拟订循环系统参数及钻进过程中选择技术参数时，应使钻头获得的水功率尽可能为泵水功率的 2/3，此即最大钻头水功率工作方式。

为保证能采用喷射式钻井，除研制各种水力喷射式钻头外，必须配备高压大功率的钻井泵及高压闸门、高压管汇、水龙带、水龙头，配备完善的固控设备。

二、平衡压力钻井、欠平衡压力钻井

钻进过程中，若钻井液不循环，静液柱作用在井底的压力称为井底压力，而作用在井内不同位置的压力称为井内静液柱压力，以 p_h 表示。钻进时，井内压力称为有效压力，以 p_{he} 表示。

$$p_{he}=p_h+\Delta p_r+\Delta p_a\pm\Delta p_s \tag{1-5}$$

式中，Δp_r 为钻井液中含岩屑增加的压力；Δp_a 为环空流动阻力增加的压力；Δp_s 为起下钻波动压力。

以上三者是变化的。设 p_{fp} 为地层孔隙压力（地层压力）。当保持井内有效压力与地层孔隙压力相等时，即 $p_{he}=p_{fp}$ 时，为平衡压力钻井。为了保证安全

钻井，要使 p_{he} 略大于 p_h，按照习惯，仍然称为平衡压力钻井。保持井底压力平衡可降低岩石强度和岩屑的压持效应，大幅提高机械钻速；可有效保护地层，稳定井眼，防止井漏。实现平衡钻井的关键是选择合理的钻井液密度。

当采用常规井口装置时，由于其不能承受钻进与起下钻过程中来自井眼的液体压力，只能采用平衡压力钻井方式。平衡压力钻井方式存在容易污染储层孔隙压力较低的油气层、不利于发现和评价深层油气层等缺点。

近年来广泛采用欠平衡压力钻井技术，即钻井过程中，容许地层流体进入井内，循环后出井，并在地面上处理和控制。它的主要标志是保持井内有效压力低于地层孔隙压力，即 $p_{he} < p_{fp}$。实现欠平衡钻井需要专门的井口装置，以承受钻进与起钻过程中来自井眼的液体压力。

目前采用的欠平衡钻井方式有：

①空气钻井。井底循环高压、大排量空气流，携带出岩屑。所需设备有大功率压风机、井口防喷器、旋转控制头及相关测量仪器等。空气钻井地面设备如图1–6所示。

②雾化钻井。空气钻井过程中，如果地层内有少量的水进入井眼，应改为雾状流体钻井，即用泵将水或轻质钻井液加一定的泡沫剂直接注入空气流内，在环形空间形成雾状流，循环携带出岩屑。

③泡沫钻井。泡沫流体分为硬胶泡沫和稳定泡沫。硬胶泡沫由气体、黏土、稳定剂和发泡剂等配成，泡沫时间长，携屑能力强，能够解决大直径井眼携带岩屑的问题；稳定泡沫由空气、液体、稳定剂和发泡剂等配成，对钻低压易渗漏地层有效。泡沫流所用气体多为氮气和二氧化碳，液体多为水基、醇基、烃基和酸基。

④充气钻井。在给井眼泵加入钻井液的同时，利用特殊设备对钻井液充气，降低其当量密度，使井底压力小于储层压力。

上述气体型钻井液及钻井技术多用于地层压力较低的油气藏，井口回压一般较低。对于地层压力较高的油气藏，实施欠平衡钻井则采用密度高的非气体型钻井液。

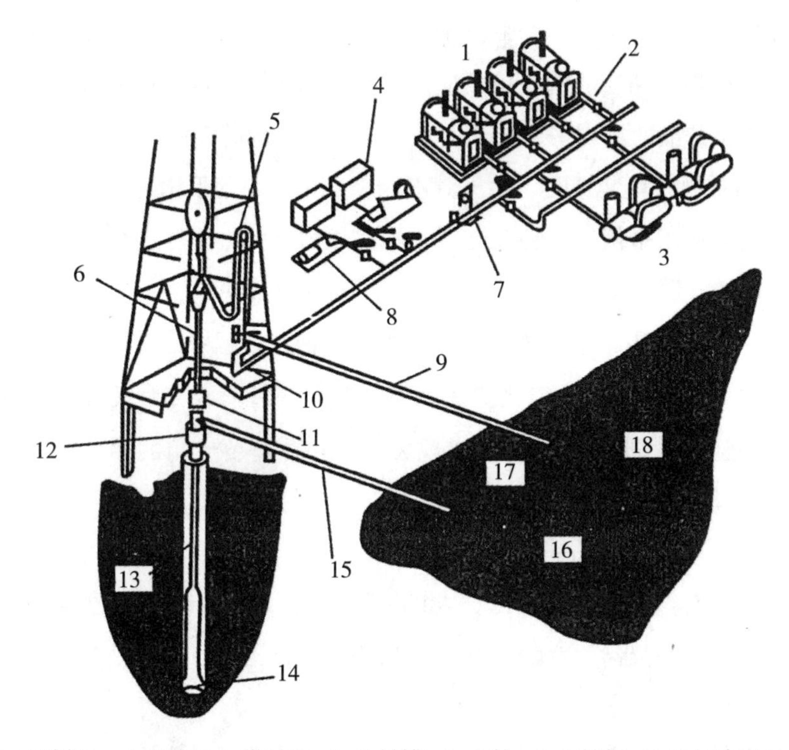

1- 压缩机；2- 回压阀；3- 增压器；4- 计量罐；5- 立管；6- 方钻杆；7- 孔板流量计；
8- 泡沫注入装置；9- 各用管线；10- 可调节流阀；11- 旋转控制头；12- 防喷器；
13- 钻柱；14- 钻头；15- 井口排放管线；16- 岩屑；17- 排出物；18- 钻井液池

图 1-6 空气钻井地面设备示意图

⑤边喷边钻。钻井过程中，合理调节非气体型钻井液的密度，同时利用专门设备控制地层流体流入井眼的速度和压力。

实现并保持欠平衡钻井需配备专用注气设备、井控设备、产出流体地面处理设备、随钻测量仪器设备、固控设备等。

起下钻过程中很难维持欠平衡状态，因此，应尽量选择质量好的钻头，用一个钻头钻完目的层。

三、走向钻井、丛式钻井技术

所谓定向井，是指井眼设计轨道为非铅垂线，而是沿着预定方向钻达目的

层位的钻井方法。20 世纪 30 年代初，自海边向海中打定向井开采石油获得成功，到了 20 世纪七八十年代已发展成熟，获得普遍应用，目前已成为油田勘探开发极为重要的钻井技术。

定向钻井的应用可归纳为两方面。一方面，受地理条件限制或用于处理事故。如在岸上打定向井，勘探开发近海和湖泊下的油气田；在不适宜设置井场的位置打定向井，勘探开发高山、森林、沼泽、城镇等处的地下油气田；受地层条件影响，打直井不能有效开发的油气藏；当钻柱折断无法打捞时，在落鱼顶部打水泥塞另钻侧井达目的层；当井喷失火在地面难以控制时，在其临近钻定向救援井达失火井井底，注入压井液控制井喷、灭火，等等。

另一方面，提高油气开采效率。如为了钻穿多套含油气层系，扩大勘探成果，在同一直井眼的不同深度打定向井；为了延长目标段的长度，增大油层裸露面积，定向钻进；为了使老井、死井复活，进行侧钻，等等。

应用定向钻井技术，在同一井场（钻井平台）钻多口井，即丛式钻井。丛式钻井应用于海洋时，在一座海上钻井平台上用定向钻井方法可钻 60 口以上的井，大大提高了钻井平台和设备利用率，降低了钻井成本；应用于沼泽、沙漠等地面条件恶劣地区时，能满足勘探开发新油田的需要；应用于森林、农业地区时，丛式钻井可大大节约占地面积，减少钻井设备搬迁安装时间和钻前工程量。丛式钻井采油可减少集输计量站、集输管线和油建工程量，便于实现自动化管理。

定向井一般依据具体用途由直井段、增斜井段、稳斜井段、降斜井段组合而成。

按照井斜角的大小，定向井可分为三类：井斜角 15° ~ 30° 的为小倾角定向井；井斜角 30° ~ 60° 的为中倾角定向井；井斜角超过 60° 的为大倾角定向井。应尽量减小井斜角，以减小钻井难度，但不得小于 15°，否则井斜方位不易稳定。

定向钻井需要用专门的造斜方法和工具，以使井身沿预定的方向钻进。造斜方法有两种：转盘造斜和井下动力钻具造斜。井下动力钻具造斜的应用更普遍。

（一）转盘钻定向井

最早使用的是槽式变向器，用套管焊成，其下为楔形，便于插入地层；其上有销钉孔，用销钉和钻具连接。造斜时，首先使方钻杆进入方补心，定向并固定好转盘，加一定压力使变向器下部楔入地层，剪断销钉后钻头沿斜面下行，造斜钻进。

也可用扶正器（稳定器）组合的造斜工具造斜。钻进时，以稳定器为支点，在钻头处产生造斜力，实现造斜钻进。采用合理的稳定器安装组合，即调整稳定器的参数、安装位置及尺寸（全尺寸或欠尺寸），可得到所需要的增斜、稳斜及降斜钻具组合。

（二）井下动力钻具钻定向井

常用的井下动力钻具是涡轮钻具和螺杆钻具，俄罗斯也采用电动钻具钻定向井。井下动力钻具钻进时钻柱是不动的，更有利于使用造斜工具。

用螺杆钻具和涡轮钻具钻定向井时，在钻具上方接造斜工具，使造斜工具的下部产生弹性力矩和相应的斜向力。常用的造斜工具有弯接头、弯钻铤、弯钻杆、涡轮偏心短节和螺杆钻具弯壳体等。

弯钻铤为一长 3 m 左右的短钻铤，两端的扣都车有一弯角，相当于两个弯接头组合，可获得较大组合弯度，较易下井。弯钻杆将普通钻杆下端弯曲成一定角度，弯曲点距丝扣处 1 ~ 1.5 m，柔性大，易加工，便于下井，但造斜能力弱。涡轮偏心短节在涡轮钻具下部压紧短节上焊一弧形偏心铁块，在松软易塌地层中的造斜效果比弯接头或弯钻杆好。

使斜井达到一定的造斜率是由不同造斜能力的斜向器和相应的钻具组合来实现的。短涡轮结构与普通单式涡轮基本相同，长 3 ~ 5 m。复式弯涡轮钻具是用弯接头及相应的活动联轴节连接起来的。它的下节短（约 3 m），用于造斜；上节长（约 8 m），可增加涡轮组数，获得较大功率。

定向钻井有比较成熟的定向工艺技术和仪器设备。目前最先进的方法和仪器是随钻随测仪 + 定向键。它可以在钻进过程中随时指出造斜工具的工具面方位及其变化情况，以便及时调整，使造斜工具的工具面方位始终保持在预定的定向方位线上。

四、水平井钻井技术

使钻入油层部分的井眼轨迹呈水平状态的钻井方法称为水平钻井。水平钻井属定向钻井范畴而又独具特色，在 20 世纪八九十年代得到了迅速发展。水平钻井已成为提高油气产量和采收率的新途径，应用广泛。在低渗透性地层中钻水平井穿入产层，增加了泄油长度，流动阻力很小，可大大提高油气产量和采收率；天然裂缝大多是垂直或近似垂直的，油气储藏在裂缝中，垂直井只能钻到一个甚至钻不到产层，而水平井可横向钻穿多个裂缝产层；对于薄层油气藏，垂直井的采油井段长度即油层厚度，若在薄油层中钻水平井，可大大增加油层接触面积，显著提高产量；可使成熟油田或枯竭油藏“起死回生”，等等。

应用水平钻井开发低渗透性油气藏、裂缝性油气藏、薄层油气藏可获得比垂直井高 3 ~ 6 倍的产量。应用水平钻井开发油气藏时采收率有可能高达 60% ~ 80%。

水平井是在定向斜井的基础上发展起来的，一般井斜大于 86° 的井段称为水平井。依造斜井段曲率半径的大小，可分为长半径、中半径、中短半径、短半径、超短半径水平井。长半径和中半径水平井可采用常规钻井设备和方法钻成。前者摩擦阻力大，起下管柱困难，应用越来越少；后者摩擦阻力小，目前应用最多。短半径和中短半径水平井主要用于老井侧钻，令“死井复活”，提高采收率。

超短半径水平井也被称为径向水平井，通过转动转向器在同一井深处水平辐射地钻出最多达 12 个水平井眼。它早期用于使老井“复活”，现在已经用于新油气田开发。它采用特殊的径向钻井系统，利用高压液体射流喷出一段水平井眼。超短半径水平井适用于松软地层分隔的层状油气藏。

径向钻井系统能够在 23 ~ 30 cm（9 ~ 12 in）曲率半径内作 90° 转向并钻出水平井段。井眼扩孔段可用机械或水力喷射工具完成，直径为 56 cm（22 in）。超短半径造斜器竖立安放其中，用锚爪固定于套管内壁。曲率导向管由几节短导向管组成，各节之间用销钉连接。各短节可绕销轴转动，能使整个导向管从垂直转向水平，形成 90° 弯曲导向管。还有一对提升侧向板和转换连接装置。侧向板通过转向连接装置与高压工作管柱连接，可随工作管柱作有限上下移动（约

30 cm）。曲率导向管顶部一节短管进口端与造斜器本体连接，底部一短节管出口端通过销钉与提升侧向板下端连接。当地面修井机上提高压工作管柱约30 cm时，侧向板随之上升 30 cm，通过提升销连接的最下一节曲率导向短节，迫使中间各节短导向管柱销钉转动而向前后延伸形成反向弓形弯曲的曲率导向管。

径向管为连续焊钢管，直径 32 mm（$1\frac{1}{4}$ in）。曲率导向管内有一系列的滚柱和滑块，使径向管容易通过，并引导径向管在曲率半径 23 ~ 30 cm 范围内逐渐弯曲，转向 90° 至水平位置。径向钻进依靠高压水系统完成：通过特殊的锥形射流喷嘴产生高压水射流切削地层；对径向尾管端产生轴向推力，使其沿造斜器的曲率导向管进入地层；高压水在径向管前端产生张力（轴向拉力），拉着径向管前端沿轴向朝前运动，实现钻进。

在大多数地层岩石中，径向钻井系统采用等压力喷射钻井。

现代水平井技术有很多种类，比如：优化设计技术，包括研究油气藏，综合考虑地质、钻井、测井、完井以及采油多方面；井眼轨迹控制技术，包括研究配备先进的导向钻进系统，采用先进的随钻测量（MWD）仪器和技术；优化完井技术，钻井液技术以及水平井的固井、测井、射孔、防砂和增产技术等。其中，优化设计、井眼轨迹控制、优化完井是水平井钻井的关键技术。这些技术的应用和推广都与钻井设备、工具及仪器等有着密切关系。

五、深井、超深井钻井技术

完钻井深为 4500 ~ 6000 m 的井称为深井；完钻井深为 6000 m 以上的井称为超深井。要勘探、开发深部的油气资源，必须钻深井或超深井。

我国深井、超深井主要集中在西部地区，如四川盆地、塔里木盆地、准噶尔盆地。随着我国“稳定东部、发展西部”能源战略的实施，石油勘探开采面临深井、超深井一系列技术难题。要研究和掌握的关键技术包括井眼稳定技术、井斜控制技术、高效破岩与洗井技术、固井技术、钻井液与钻井液技术以及管柱优化设计技术等。

深井钻井中，由于地层情况复杂，上部大直径井段要用$17\frac{1}{2}$ in钻头钻达井深1000 ~ 3000 m，甚至3500 ~ 4000 m。如此深的大直径井眼钻进，面临大直径钻头品种不全，可选型号少，破岩机械能量不足（机械能量主要以施加在钻头上的钻压和钻头转速两项指标的乘积来表征），不能高效破岩的问题；水力能量不足，井底岩屑清除不净，以致机械钻速低，一般只有1 ~ 2 m/h，甚至低于1 m/h，在难钻的地层中达不到0.5 m/h，在深部井段下$5\frac{1}{2}$ in（或7%in）技术套管后，用$4\frac{5}{8}$ in（或5%in）钻头继续钻进至目的层。在这种小井眼井段，由于钻头、动力钻具、井底增压器等技术尚不成熟，钻速也很低，深井、超深井钻井中机械钻速低、钻头寿命短、起下作业频繁，造成建井周期长、费用高。

综上所述，为了适应深井、超深井钻井技术发展和提高机械钻速的需要，对钻井设备和钻具提出了更高的要求。

六、小井眼钻井技术

小井眼井通常是指90%井深直径小于177.8 mm（7 in）或70%井身直径小于127 mm（5 in）的井。与常规钻井相比，小井眼钻井可大幅度降低钻井成本，改善油田经济环境。钻井实践表明：小井眼探井和评价井可降低钻井成本40% ~ 60%，生产井和注水井可降低钻井成本25% ~ 40%。小井眼钻井在石油工业中的应用始于20世纪50年代，并在20世纪八九十年代取得了突破性进展，成为继水平钻井之后油气勘探开发中又一热门技术，展现了良好的应用与发展前景。

专用小井眼钻井系统是实现小井眼钻井的关键。典型小井眼钻井系统有三种基本型式：转盘钻进、井下马达钻进和连续取心钻进系统。它们的共同特点是：采用小钻机、小直径钻具（钻头、钻柱、井下马达）和高转速钻进，与常规钻井系统相比可节约钻井成本40% ~ 70%。

七、连续柔管钻井技术

连续柔管（Coiled Tubing）又称为挠性管或软管，简称CT，是一种高强度连续制造的钢管。目前连续制造的长度已达 914.4 ~ 7620 m。

用连续柔管作业机取代钻机、修井机，用连续柔管取代常规钻杆和油管，进行修井、钻井、完井及各种油井作业，统称为连续柔管技术。

连续柔管技术用于油气勘探与开发始于 30 年前。现在连续柔管技术已成功用于修井、完井和各种油井作业，如冲洗、人工举升、测井和射孔、挤水泥、井下扩孔、防砂及酸化增产。仅就钻井而言，连续柔管技术已成功用于老井眼内钻直井、侧钻水平井及小井眼钻井。随着连续柔管材质和制造工艺的改进与完善，大直径、高强度连续柔管的问世，以及配套井下马达、定向工具、传输系统和钻头的研制，连续柔管钻井技术将有新的发展并获得广泛应用。

连续柔管钻井的突出优点是省时、省钱、安全。与常规钻井比，连续柔管的收放取代了钻杆单根（立根）连接、拆卸，实现了连续钻井并大大节省了起下作业时间，缩短了建井周期。连续柔管钻井的地面设备少，占地面积小，对环境影响小，设备投资及安装、维护、保养费用低。连续柔管不存在常规钻柱的大量接头，能连续循环钻井液，即使在带压作业条件下也可安全有效地控制工作管柱而无须压井，减小对地层的伤害，用于欠平衡钻井时更具安全性。

连续柔管钻井系统包括地面设备（作业机及辅助装置、循环系统）、连续柔管和井下钻具。图 1–7 为一种连续柔管作业机的结构示意图。

①连续柔管作业机。包括连续柔管注入头（又称牵引起下设备）。主要功能是克服浮力和摩阻力，将柔管下入井筒内；悬挂连续柔管并控制其下放和提升速度；底部装有载荷传感器，在控制台显示柔管柱重量和提升力。

②卷筒。用于卷绕连续柔管。筒芯直径大小取决于要卷绕的柔管直径和长度。

③连续柔管。连续柔管的性能和质量是连续柔管技术的关键。有 3 种材质的连续柔管已投入使用，即碳钢、调质合金钢和钛钢，现正在研制玻璃纤维和碳纤维等复合材料的连续柔管。

④井下钻具组合。连续柔管钻井所用钻头、井下动力钻具、钻铤及测量仪与常规钻井相同，但连续柔管接头、定向工具、紧急断开接头等则是专门设计的。连续柔管接头用于连接连续柔管和井下工具组合，并避免井下钻具振动冲击

对连续柔管造成损害。紧急断开接头的作用是，当钻头或钻铤在井眼中卡住时，能使连续柔管与井下钻具断开。

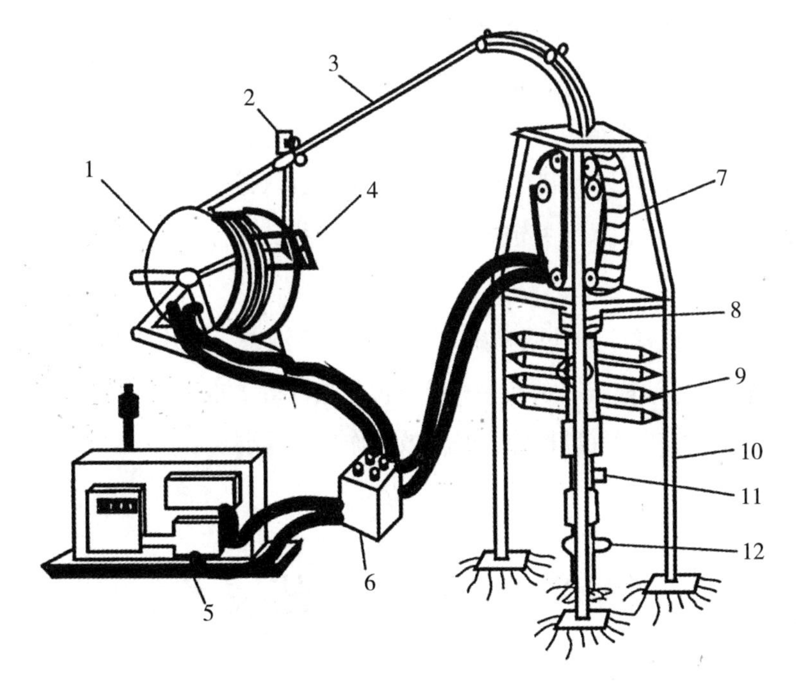

1- 卷筒；2- 计数器；3- 连续柔管；4- 排管器；5- 动力机组；6- 控制柜；
7- 链条牵引总成；8- 橡胶刮泥器；9- 防喷器组；10- 支架；11- 排液三通；12- 井口阀

图 1-7　连续柔管作业机结构示意图

八、其他钻井新技术

目前钻井深度已超过 10000 m。由于旋转钻钻井导致钻井机械及设备愈来愈庞大和复杂，近些年来人们一直试图利用现代科学的最新成就，开辟破碎和清除岩石的新途径，积极探索和试验新的钻井方法。

新提出的钻井方法大致可分为四类：熔化及气化法、热胀裂法、化学反应和机械诱导应力法。这些方法的共同特点是摒弃了用钻头旋转破碎岩石的做法，如试验成功，必将引起钻井方法和钻井工艺技术方面的重大变革。

据报道，由美国气体研究院、美国空军、美国海军联合发起了一个研究计划，即激光钻井。研制目标包括激光钻井与完井，其研究成果是一台激光钻机。激光钻井有两种激光发生器。一是利用化学原理设计的氧化碘激光发生器；二是红外线激光发生器。据介绍，激光钻井 10 h 的钻井进尺相当于常规钻井 10 天的进尺。与常规钻井相比，激光钻井不需要钻井液、钻头、油管和套管，也不产生钻屑，可以大幅降低成本。

近 20 年来井眼轨迹控制技术的研究和应用也取得了长足的进步，大大提高了直井防斜与定向井、水平井定向控制的技术水平，可望成为实现自动化与智能化钻井的核心技术。

其他钻井新技术（如井眼稳定、高效破岩与洗井、油层保护、现代油井设计、随钻测井、随钻地震以及钻井三维可视化技术等）也都取得了可喜进展，为实现科学钻进、提高油气勘探综合经济效益作出了重要贡献。

第四节　采油工艺技术

一、自喷井采油

原油从油层自喷到地面计量站一般要经过渗流、垂直流、嘴流和水平流四个流动过程，即先在多孔地层介质中经过渗滤流到井底，再从井底沿油管垂直上升，经过控制自喷井产量的油嘴，最后沿地面管线进入计量站。实际上，钻井作业完成以后，由于井筒内还充满着钻井液，液柱作用于井底的压力一般大于油气层压力，加上钻井和射孔过程中污染物的堵塞和阻碍，油、气不能流入井筒内，更不能自动喷到地面。因此，自喷采油之前要降低井筒内的液柱压力，清除堵塞油层的污物，使油气能够顺畅流到地面。这种作业过程称为诱喷或诱流。

（一）自喷井的诱喷

诱喷的方法通常有以下几种：

1. 替喷法

将油管下入井底，利用洗井机或水泥车向井内注入低比重钻井液或清水、原油，替换出井内原有的高比重钻井液，降低井底液柱压力，然后上提油管至油层中部，或者继续在井底向井内注入清水，直至返出的清水中带有大量油花并形成轻微的井喷。

用原油替喷时一般从油管、套管环形空间注入，从油管中返出循环洗井液。这样做易于控制井喷和放喷。

2. 抽汲法

替喷后，若油井仍不能自喷，可用一种特殊的抽子在油管内上下高速提放。一方面，将井内液体逐渐抽出，进一步降低井内液柱压力；另一方面，在强大的抽力下有可能将浸入油层的钻井液、污物吸出，从而使油井自喷。

3. 气举法

利用移动式压缩机从油管或油管、套管环形空间向井内打入压缩气体，使井筒中的液体从环形空间或油管中排出，降低井底液柱的压力。

4. 提捞法

将一个用钢管制成的提捞桶下入井内，一桶一桶地提捞出液体，达到降低井底液柱压力的目的。

通过上述方法使油井自喷后，打开套管阀门放喷一段时间，然后改为油管放喷，转入正常采油。

（二）自喷的动力

井底原油为何能够自喷到地面？这主要是受到若干地层驱动力的作用。当油气藏未被开发、地层未打开时，油层中的压力处于平衡状态，原油不流动；一旦地层中钻出油井并开始生产，油层内的压力平衡就被打破，井底压力低于油层压力。在地层驱动力的作用下，先将原油从地层内推向井筒，若还有剩余的能量，再将井筒内的原油举升到地面。地层对原油的驱动力主要有以下几种：

1. 静水压头

有些油田的油层与四周地面水源连通，或油层的底部和四周与水源连通，且油水表面有一定的高度差。油层的原油在水静压力差的驱使下向井筒内流动，若剩余压力大于井筒内液柱的压力，原油就自喷到地面。这两种情况分别称为边水驱动和底水驱动。

2. 气顶压缩气的膨胀力

有的油层中，原油的溶气量已达到饱和状态，多余的天然气就聚集到油层的顶部，处于高度压缩状态。当油井生产时，随着油层压力的降低，压缩气体膨胀，推动原油流向井筒并喷出。气顶驱油能量的大小与气顶体积和气体的压缩性等有关。

3. 油层弹性力

当油层投入开发时，由于其压力不断下降，处于压缩状态的含油岩层及其中的各种液体（主要是位于广大含水区的水）体积膨胀，挤压原油向井筒流动。

4. 溶解气的膨胀力

随着油田的不断开发，地层压力不断下降，当低于气体饱和压力时，油层原油中的饱和气就开始膨胀，带动原油一起流入井筒并携带原油喷出。

5. 重力

油田进入开发末期后，其他能量逐渐枯竭，原油依靠自重从油层高处流向低处，进入油井。此时，油井就没有自喷能力了。

油层的地质条件及开采方法不同，主要驱油动力的表现也不同，驱油效率也不一样。

一般说来，水压驱动时原油的采收率最高，溶解气驱动和重力驱动时采收率最低。

（三）自喷流体的流态

自喷过程中油气在井筒内的流态是变化的，分为纯油流、泡流、段塞流、环流和雾状流等。这主要是因为井筒内不同井段的压力发生了变化。在最下段，

井筒内压力高于饱和压力，气体溶解在原油中，油流为单相运动状态；往上，由于井筒内的压力稍低于饱和压力，小部分气体从油流中分离，在原油中呈小气泡状态；再往上，井筒内压力更低于饱和压力，气体进一步膨胀，小气泡合并成大气泡，使井筒内出现一段原油一段气体的柱塞状，这时的气体如同活塞一样，对油流有很大的举升力；油流再上升，气体再分离、膨胀，气体柱塞不断加长，逐渐从油管中心突破，形成中心连续气流，而管壁附近则是原油流动的液流状态；最后，在井筒的最上段，气体继续增加，中心气柱完全占据了油管断面，油流变成极小的液滴分散在气柱中，以雾状喷出。

一般的井筒中包含若干油层，在非均质油田，各油层的渗透性能、压力和含水量等差别很大，如果多层同时以单一的管柱开采，则在同一井底压力下，渗透性好、压力高的油层就产得多、出油快，中低渗透层及压力较低的油层由于生产压差小，不能发挥生产能力。为了确保各油层稳产、高产，提高无水采收率和最终采收率，完成自喷采油作业，必须有一套完整的井下管柱结构，控制各层在合理的压差下均衡开采，实行分层配产。

分层配产管柱由套管、油管、封隔器、工作筒配产器、锚类及油嘴等组成，它们之间通过螺纹连接。根据油井内各油层的性质，用封隔器将其分隔开，选择不同大小的油嘴，控制生产压差，使各层段按照自身特点进行生产。其中，油井封隔器是分隔油层、实行分层开采的主要井下工具；配产器用于控制各油层的回压，适当降低高渗透油层的采油量，相对加大中低渗透层的采油量，实现分层配产或不压井起下作业；锚类或支撑卡瓦连接在封隔器的下部，作为管柱的支点，用于坐封封隔器，克服封隔器因受上部压力所产生的向下推力，防止管柱向下移动。

二、有杆泵采油

有杆泵采油是机械采油方法中应用最为广泛的一种。有杆泵采油设备除井口装置外，主要包括三部分：地面设备（游梁式抽油机、液压驱动式抽油机、直线电机抽油机、链条式抽油机等）、井下部分（抽油泵，又称为深井泵）、抽油机与抽油泵连接部分（抽油杆）。

习惯上将有杆泵采油设备称为“三抽”设备。动力机通过减速箱、曲柄连杆机构和游梁等将高速旋转运动变为抽油机驴头的低速上下往复运动，并通过悬绳器、光杆和抽油杆带动有游动阀的柱塞在深井泵筒中上下往复运动，实现抽油。

抽油泵总是下放到液面以下的某一深度，故当柱塞上行时，游动阀受油管内液柱的压力自动关闭，随着柱塞的上行，油管上部的一部分液体排出地面；与此同时，柱塞下部泵筒空间内压力降低，井内液体在压差作用下顶开安装于泵筒上的固定阀球，进入泵筒，抽油泵处于吸入状态，直至柱塞到达上死点。当柱塞下行时，泵筒内液体受压缩，压力升高，当与泵筒外环形空间液柱压力相等后，固定阀阀球依靠自重下落，使固定阀关闭；柱塞继续下行，泵内压力进一步升高，当超过油管内液柱压力时，泵筒内液体便顶开游动阀球并进入油管，抽油泵开始排出过程，直至柱塞到达下死点。

随着柱塞不停地作垂直往复运动，抽油泵中的固定阀和游动阀交替打开和关闭，泵筒反复完成吸液和排液动作，使油管内的液柱不断上升，并排入井口的输油管之中。

三、地面驱动螺杆泵采油

螺杆泵采油驱动方式有地面驱动和井下驱动两种。地面驱动螺杆泵由地面和井下两部分组成，地面部分与井下部分通过抽油杆连接。

为了防止油管与定子脱扣，在尾管下部装有封隔器或油管锚。当地面动力通过抽油杆驱动转子旋转时，转子与定子啮合，形成一系列由定子与转子之间接触线所密封的腔室；随着转子的转动，这些腔室由定子的一端运动到另一端，泵入口处不断形成的敞开室，在沉没压力的作用下依次被井液充满，并逐渐向泵的排出端移动，排出井液。

四、无杆泵采油

无杆泵采油的主要特点是取消了抽油机和抽油杆，采用液体和电力驱动。

无杆泵采油有多种型式，我国常用的有以下几种。

（一）水力活塞泵采油

水力活塞泵装置是通过高压动力液向井底传递动力并实现抽汲井液的一种无杆抽油设备。该装置包括三大部分：井下部分、地面部分和中间部分。井下部分是水力活塞泵系统的主要机组，由井下液马达、往复容积式抽油泵、控制滑阀等组成，完成抽油的主要动作；地面部分包括柱塞泵组、井口装置、井口四通、控制阀及动力液系统，起着向井下机组供给高压动力液及处理动力液的作用；中间部分包括各种专用管道及油管，起着将动力液从地面送至井下机组，以及将抽出的地层液和工作过的乏动力液排出地面的作用。实际上，水力活塞泵装置相当于将液压抽油机的驱动油缸及换向阀移动到井下，直接与抽油泵相连，从而取消了抽油杆。它除适用于一般油井采油外，尤其适用于稠油井、多蜡井、深井、定向井以及海上油井，还可用于单井和多井的开采，便于集中管理。

地面柱塞泵将处理合格的动力液增压后，经过地面管网和井口四通阀，沿中心油管注入井内，驱动井下液马达工作；液马达的活塞带动抽油泵的柱塞作往复运动，使抽油泵的固定阀和游动阀交替打开和关闭，实现吸油和排油动作；液马达的乏动力液和抽汲的原油一起从油管、套管环形空间排到地面，通过井口四通阀进入地面输油管道。

（二）电动潜油离心泵采油

电动潜油离心泵机组被认为是一种比较经济有效，特别适用于海上油井和高产油井的人工举升采油方法。

电动潜油离心泵由电动机、保护器、吸入口（或气体分离器）、多级潜油离心泵、电缆、控制屏和变压器等组成，附件有油管挂（井口装置）、单流阀、泄油阀、电缆滚筒、测量井底压力和温度的仪表、将电缆固定到油管上的电缆卡子等。通常情况下，将潜油离心泵、电动机、保护器等井下机组统称为“电泵”。电泵连接在油管上，用油管柱下入井中，沉没在井液下抽油。其适用于垂直井、弯曲井和定向井。

井下机组中，电动机作为动力，驱动离心泵工作；多级离心泵将机械能转换为液体能，提高油井液的压头，并将其举升到地面；保护器起着补偿漏油和电机平衡室的作用，即电机工作时，电动机油受热膨胀，一部分电机油进入保护器，当电机停转时，电机油冷却收缩，保护器又向电机内充油，并且密封电机壳体的动力端，使井液不能进入电机；油气分离型吸入口或油气分离器用于分离井液中的游离气体，并使游离气进入油管、套管环形空间；泵上部的单流阀用于防止停泵时油管内液体回流而引起泵的反转；泄油器在提出井下机组时可以将油管柱内的井液放掉；井口可起到密封油井、悬挂管柱及其他井下设备的作用。

（三）井下驱动螺杆泵采油

井下驱动螺杆泵采油与电动潜油离心泵采油类似，自上至下为螺杆泵、保护器和潜油电机等，属于无杆泵采油。地面驱动螺杆泵采油是由地面电动机通过抽油杆驱动螺杆泵的，属于有杆泵采油。

井下部分包括单螺杆泵、保护器和潜油电机，单螺杆泵在上面，保护器在单螺杆泵与潜油电机之间。还有一种液动单螺杆泵采油装置，从地面向井下液马达提供高压动力液，带动螺杆泵工作。

（四）射流泵采油

当高压动力液从油管注入并流过喷嘴时，其压能几乎全部变成高速度的动能，在喉管区周围形成低压区；由于压差的作用，地层液进入混合室，与动力液混合后一起流进扩散管；扩散管将一部分速度能再转换为大于油管、套管环形空间中静液柱的压能，使地层液与乏动力液的混合液上升到地面。

（五）涡轮驱动潜油泵采油

该装置上部为轴流涡轮级，下部为轴流泵级，皆固定在一根轴上，两者之间有止推轴承和密封装置。地面提供的高压动力液通过井口阀和中心油管进入井

下机组的中间部位，从涡轮级的下方向上流动，推动涡轮级带动离心泵级转动，抽出地层液。采出液自下向上流动，与乏动力液混合，一起进入油管、套管环形空间排出。

五、气举法采油

气举法采油是使用压缩机等，将经过脱氧的空气、氮气或二氧化碳等气体注入油管、套管环形空间，并经过油管将井液举升到地面的一种采油方法。气举法有连续气举和间歇气举两种。连续气举是将高压气体连续地从油管、套管环形空间注入井内，进入油管后与液体混合，使其密度降低，油管中压力梯度减小，液柱重量下降，在油管和地层之间形成足够的生产压差，从而使井液喷出地面。这种方法主要用于采油指数高和因为井深造成井底压力高的油井。间歇气举通过气举控制器和阀使气体定期注入井中，从聚集在油管中的液体段塞下面像推动活塞似地将段塞一段一段地推至地面。间歇气举既适用于低产油井，也适用于采油指数高和井底压力低的油井，或采油指数与井底压力都低的油井。

气举循环系统有的比较简单，有的相当复杂。气举循环系统一般分为地面和井下两部分。地面部分是主要由压缩机、管线、阀门、分离器及储气罐等组成的压缩机系统，有开式、半封闭式和全封闭式 3 种。开式系统是将低压气体压缩到气举工作压力，用于气举采油，返回低压系统的气体不再循环使用，而移作他用；半封闭式系统可以将从井中出来的低压气体重新压缩循环使用，但要有充裕的补偿气体以保持系统压力；全封闭式系统中，气体由压缩机到油井、分离器，再返回压缩机重新压缩，对全部气体进行循环，无须补充气体。

井下部分是由油管和气举（单流）阀等组成的气举装置。气举装置一般也分为开式、半封闭式和全封闭式 3 种。

开式气举装置下井的油管柱不带封隔器，气体从油管、套管环形空间注入，产液自油管中喷出。这种装置只用于油封很好的油井，通常指的是那些只适合连续气举的油井，但不能用于气体有可能从油管底部循环的场合。由于气体有可能从油管底部进入油管，深井生产时需要很大的启动压力，连续气举很难确定注气部位，以及地面管线压力波动会引起油管、套管环形空间液面升降而冲蚀气阀等一系列缺点，这种装置一般较少被应用。

半封闭式气举装置除了用封隔器封隔油管、套管环形空间，其余都与开式装置相同。这种装置既适用于连续气举，也适用于间歇气举。与开式装置相比，无论何种情况下油管中和地层中的液体都不会进入油管、套管环形空间。

与半封闭式装置相比，全封闭式气举装置油管柱的下部多安装了一个固定阀，用于防止气体压力通过油管作用于地层液。它常用于间歇气举采油。

在气举装置中有一些特殊的阀件安装在油管柱的不同部位。暴露于环形空间气体中最下部的阀孔径最大，用于完成气体循环，称为工作阀。工作阀以上的各级阀称为启动阀或卸载阀，即液体段塞通过时有好几级阀打开，便于利用已有的供气压力推动段塞上行，减轻液柱的载荷。根据气举排液的深度，安装不同进气孔直径的气举工作阀，可进行多级排液。

除上述方法之外，有杆泵无油管采油法和提捞采油法等也有应用。

第二章
石油钻机总论

第一节　石油钻机及旋转设备

一、石油钻机

为了寻找石油和天然气的储藏，除了采用地球物理方法进行勘探，还必须钻各种探井。通过钻井、测井、取心和试油等，可进一步了解地质剖面，确定地层构造中是否含有石油和天然气，掌握油、气层的位置、厚度、岩层性质以及油、气层的面积和储量。投入开发的油田，必须按照开发方案钻一批生产井、注水井、观察井和加密井。

用来进行石油与天然气勘探、开发的成套钻井设备就是石油钻机，它是一套庞大的联合机组，由若干系统和设备组成。钻机的种类很多，转盘钻机是成套钻井设备的一种基本形式，也称为常规钻机。此外，为适应各种地理环境和地质条件、加快钻井速度、降低钻井成本、提高钻井综合经济效益，钻井方法和钻井技术也必须不断地发展、变化和改善，近年来世界各国在转盘钻机的基础上研制了各种类型的具有特殊用途的钻机，如沙漠钻机、丛式井钻机、顶驱钻机、小井眼钻机、连续柔管钻机等。本章以常规钻机为例，简要介绍钻机的基础知识。

（一）石油钻机的组成

目前，世界各国通用的常规钻机是一套大型的综合型机组，整套钻机是由动力系统（为整套钻机提供能量的设备）、传动系统（为工作机组传递、输送、分配能量的设备）、工作系统（按工艺的要求进行工作的设备）、控制系统（控制各系统、设备按工艺要求工作的设备）和辅助系统（协助主系统工作的设备）等和相应的设备组成。

根据钻井工艺中钻井、洗井、起下钻具各工序以及处理钻井事故的要求及现代化技术水平的条件，整套石油钻机必须具备下列八大系统设备。

1. 旋转系统设备

为了旋转钻具破碎岩石，钻机必须配备钻盘、水龙头等地面旋转设备，以及方钻杆、钻杆、钻铤、钻头等井下旋转设备。

2. 循环系统设备

为了随时清除井底已破碎的岩屑和正常连续钻进，钻机必须配备全套洗井液的循环设备。如钻井泵、地面管汇、钻井液池和钻井液槽等，有的钻机还配备了钻井液净化设备、调配钻井液设备。在涡轮钻井中它还担负着给涡轮钻具传递动力的任务。

3. 起升系统设备

为了起下钻具、更换钻头、控制钻头送进、下套管等，钻机还必须配备起升系统设备，主要由主绞车、辅助绞车（或猫头）、辅助刹车、游动系统（包括钢丝绳、天车、游动滑车和大钩）以及悬挂游动系统的井架组成。另外，还有起下钻操作使用的工具及设备（吊环、吊卡、卡瓦、大钳、立根移动机构等）。

4. 动力驱动系统设备

为了使工作机获得足够的动力，必须配备动力设备及其辅助设备，如柴油机及其供油设备，或交流、直流电动机及其供电、保护、控制设备等。

5. 传动系统设备

传动设备的主要任务是连接发动机与前 3 个工作机组，把发动机的能量传

递并分配给各工作机。为了解决发动机与工作机之间运动特性上的矛盾，要求传动系统配备减速、并车、倒车、变速机构等。根据能量传递形式与传动所用的介质，传动系统又可分为机械传动、液力传动（涡轮传动）、液压传动等。

6. 控制系统设备

为了指挥各机组协调进行工作，在整套钻机中还装备各种控制设备，如机械控制设备（手柄、踏板、杠杆等）、气动或液动控制设备（开关、调压阀、工作缸等）、电控制设备（开关、变阻器、启动器、继电器等）以及集中控制台和观察记录仪等。

7. 钻机底座

包括钻台底座、机房底座和钻井泵底座等，车装钻机的底座就是汽车或拖车底盘。为了钻机的安装、运移方便，重型钻机多采用整体安装托运底座，即将动力、传动机构和绞车等设备都安装在一起进行托运。钻台上要装井架和转盘以及绞车的一部分或全部，钻台下要能容纳井口装置，所以底座需要一定的高度和面积。

8. 辅助设备

成套钻机还必须具备供气设备、供水设备、钻鼠洞设备、井口防喷设备、辅助发电设备及辅助起重设备，在寒冷地区钻进时还需要配备保温设备。

9. 钻机各主要部件的相互关系

整套钻机除了地面设备，还要有很多井下设备和部件，将这些设备部件按工艺要求安装连接，才成为一套完整的钻机。

以上便是钻井工艺要求配备的钻机各系统和部件，它们有机地结合成一整套钻机，协调地完成生产任务。

（二）钻机的类型及特点

世界各国的大石油公司、钻机制造厂家对石油钻机有着不同的分类标准。一般来说，可按以下方法对石油钻机进行分类。

1. 按钻井方法分类

（1）冲击钻机

如钢绳冲击钻机（也称为顿钻钻机）、地面发动振动钻机、爆炸钻井钻机、电火花钻井钻机。

（2）地面发动旋转钻机

如转盘旋转钻机（也称为常规钻机，是目前世界各国通用的钻机）、顶部驱动水龙头旋转钻机等。

（3）井底发动钻机

如井底冲击振动钻具、井底旋转钻具（涡轮钻具、螺杆钻具、电动钻具）。

2. 按驱动钻头旋转的动力来源分类

（1）转盘驱动旋转钻机

也就是用转盘驱动钻具旋转的常规钻机。

（2）井底驱动旋转钻机

即转盘旋转钻机和井底动力钻具所组成的钻机。

（3）顶部驱动旋转钻机

即转盘旋转钻机和顶部驱动钻井装置所组成的钻机。

3. 按驱动设备类型分类

（1）柴油机驱动钻机

以柴油机为动力通过机械传动（柴油机驱动—机械传动）或液力传动（柴油机驱动—液力传动）的钻机。

（2）电驱动钻机

电驱动钻机又可分为直流电驱动钻机和交流电驱动钻机。

直流电驱动钻机是指工作机用直流电动机驱动。用柴油机或燃汽轮机带动发电机供电，或从电力网供电。这种型式的钻机适用于海上钻井。

交流电驱动钻机包括交流发电机（或工业电网）—交流电动机驱动钻机和

正在发展中的交流变频电驱动钻机，即交流发电机——变频调速器交流电动机驱动钻机。

4. 按工作机组分类

（1）统一驱动钻机

绞车、转盘及钻井泵 3 个工作机由统一动力机组驱动。统驱钻机的功率利用率高，发动机有故障时可以互济，但其传动复杂，安装调整费事，传动效率低。

（2）单独驱动钻机

各工作机单独选择大小不同的发电机驱动。单驱钻机多用于电驱动，其传动简单、安装容易，但功率利用率低、设备笨重。

（3）分组驱动钻机

动力的组合介于前两者之间，将 3 个工作机分成两组，绞车、转盘两个工作机由统一动力机驱动，钻井泵由另一动力机组驱动。与单独驱动钻机相比，这种钻机的功率利用率较高，传动较简单，还可将两组工作机安装在不同高度和分散的场地上。

5. 按主传动副类型分类

（1）V 带钻机

V 带钻机是指将 V 形胶带作为钻机主传动副，多台柴油机并车、各工作机组及辅助设备的驱动及钻井泵的传动均由 V 带完成。

（2）链条钻机

链条钻机是指将链条作为主传动副，2 ~ 4 台柴油机用链条并车，统一驱动各工作机组，用 V 带传动驱动钻井泵。

（3）齿轮钻机

齿轮钻机采用齿轮为主传动副，配合万向轴驱动绞车和转盘，或采用圆锥齿轮—万向轴并车驱动绞车、转盘和钻井泵。

6. 按钻井深度分类

（1）浅井钻机

钻井深度在 1500 m 以下。

（2）中深井钻机

钻井深度为 1500 ~ 3000 m（不含）。

（3）深井钻机

钻井深度为 3000 ~ 5000 m（不含）。

（4）超深井钻机

钻井深度为 5000 ~ 9000 m。

（5）特深井钻机

钻井深度在 9000 m 以上。

7. 按使用地区和用途分类

（1）陆地钻机

也称为常规钻机，用于正常陆地勘探、钻井。

（2）海洋钻机

用于海上钻井平台。

（3）浅海钻机

用于 0 ~ 5 m 水深或沼泽地区钻井。

（4）丛式井钻机

用于在一个井场或平台上钻出若干口井。

（5）沙漠钻机

用于在沙漠地区勘探、钻井。

（6）直升机吊运钻机

用于将钻机吊运到偏远的山地、丛林、岛屿或沙漠腹地等，不适合地面行

驶的油区钻井。

（7）小井眼钻机

用于钻探井口直径较小的油、气井，井眼直径为 85.73 mm，这种钻机由于井场面积小、井眼小、钻屑少，不需废泥浆池，所需装机功率低，因此，不仅可大幅降低钻井成本，而且安全、环保。

（8）柔杆钻机

柔杆钻机是一种新型的钻探设备。它包括以环链牵引器为主体的地面设备、柔杆及储存装置、钻探电机三大部分。这种钻机是用电动机作为井底动力直接带动钻头旋转切削岩石和割取岩芯。用连续的柔性钻杆（简称柔杆）代替普通的刚性钻杆，由若干液压夹持器组成的环链牵引器夹持柔杆实现连续起下钻。

石油钻机均具有明显的特点：第一，传动效率低，机械化自动化程度低；第二，钻井操作是不连续的，其中辅助生产的起下作业耗费能量颇大；第三，工作地区广阔（平原、山地、沙漠、沼泽、海洋），自然环境恶劣（风、沙、雨、雪），野外流动作业，因此，要求钻机有很强的适应地区、环境的能力和便捷的运移性能。

（三）钻机的基本参数

钻机的基本参数是反映全套钻机基本工作性能的主要技术指标，也称为特性参数。如名义钻井深度、最大钻柱重量、最大钩载等，其表明钻机的基本工作性能。基本参数是设计、选用和维修钻机以及对钻机进行技术改造的主要技术依据。

钻机的基本参数包括钻机的主参数、起升系统参数、旋转系统参数、循环系统参数、驱动系统参数等。

1. 钻机主参数

钻机的主参数也是钻机的总体参数。主参数直接反映钻机的钻井能力和主要性能，对其他参数起决定性作用，可用主参数来标定钻机型号，并作为设计、选用钻机的主要依据。

我国钻机标准采用名义钻井深度 L（名义钻深范围上限）作为主参数。因为钻机的最大钻井深度直接影响和决定着其他参数的大小。俄罗斯和罗马尼亚钻机标准将最大钩载 Q_{max} 作为主参数，美国钻机没有统一的国家标准，但各大公司生产的钻机基本上以名义钻深范围为主参数。

（1）名义钻井深度 L

名义钻井深度 L 是钻机在标准规定的钻井绳数下，使用规定的 114.3mm（$4\frac{1}{2}$ in）钻杆柱所能钻进的井深。名义井深与最大井深不同，最大井深指的是在规定的钻井绳数下，使用 114.3mm 对焊钻杆，用一般的钻井工艺所钻达的名义井深的上限。

（2）名义钻深范围 $L_{min} \sim L_{max}$

名义钻深范围 $L_{min} \sim L_{max}$ 是指钻机在规定的钻井绳数下，使用规定的钻柱时钻机可经济利用的最小钻井深度 L_{min} 与最大钻井深度 L_{max} 之间数值。名义钻井深度范围下限 L_{min} 与前一级的 L_{max} 有重叠，其上限即该级钻机所谓名义钻井深度（$L_{max} = L$）。

2. 起升系统参数

（1）最大钩载 Q_{max}

最大钩载 Q_{max} 是指钻机在标准规定的最大绳数下，起下套管、处理事故或进行解卡等特殊作业时，大钩上不允许超过的最大载荷。

最大钩载 Q_{max} 决定了钻机下套管和处理事故的能力，是核算起升系统零部件静强度及计算转盘、水龙头主轴承静载荷的主要技术依据。

（2）起升系统钻井绳数 Z

起升系统钻井绳数 Z 是指正常起下钻柱及钻进时游动系统所采用的有效提升绳数。

（3）游动系统最多绳数 Z_{max}

游动系统最多绳数 Z_{max} 是指钻机配备的游动系统轮系所能提供的最大有效绳数，用于下套管或解卡等重载作业。

另外，起升系统参数还包括：绞车各挡起升速度 v_1，v_2，…，v_k；绞车挡数 K；绞车最大快绳拉力 P_e；钢丝绳直径 D_w；绞车额定输入功率 N_{de}；井架有效高度 H_m；钻台高度 H_{df} 等。

3. 旋转系统参数

（1）转盘开口直径 D_r

转盘的开口直径 D_r 是转盘的主要几何参数，它决定着转盘的尺寸和承载能力。转盘的开口直径至少要比最大钻头直径大 10 mm，以保证钻头顺利通过转盘中心通孔。

（2）转盘各挡转速 n_1，n_2，…，n_k

转盘的转速与钻头破碎岩石的能力密切相关，选择合适的转盘转速，目的是在可能的条件下获得较快的钻井进尺。根据钻井经验：在一定转速范围内（n = 350 ~ 400 r/min），钻井速度与转盘转速的平方根成正比。一般在开钻时为中软地层，多用大尺寸钻头，转速也较高，$n_{始}$ =150 ~ 300 r/min；接近完钻时多为硬地层，为了防止钻头损坏和磨损过快，一般取 $n_{终}$ =60 ~ 105 r/min；在处理事故时需要更低的转速，一般取 $n_{事故}$ =25 ~ 30 r/min。

（3）转盘挡数 K_r

当通过绞车传动转盘时，绞车的挡数可满足转盘的要求；当采用变矩器或直流电机驱动转盘时，挡数可少些，一般有 2 ~ 3 个挡就足够了。

（4）转盘额定输入功率 N_{re}

在钻井过程中，动力机传给转盘的动力主要消耗于以下几个方面：旋转钻头破碎岩石、旋转钻杆柱和地面设备（包括转盘本身、方钻杆和水龙头）。因此，转盘的额定输入功率应为上述几个方面消耗功率之总和。

4. 循环系统参数

（1）钻井泵额定压力 P_e

钻井泵压主要消耗于循环管路的压力降和钻头喷嘴的压力降两个方面。而循环管路的压力降又等于钻杆（包括接头）内的压力降、钻铤内的压力降、环形空间的压力降和地面管汇（包括地面管线、立管、水龙带、水龙头及方钻杆）的压力降之和。

（2）钻井泵额定流量 Q_e

在刚开钻时井筒最大，且需要洗井和排出岩屑，此时所需要的钻井泵流量最大。泵组流量（L/s）可按下式估算：

$$Q_e \geqslant \frac{\pi}{4}(D_{头\max}^2 - d^2)V_{返} \times 10^{-3} \tag{2-1}$$

此时

$$V_{返} = \frac{280}{D_{头\max}\gamma}$$

式中，$D_{头\max}$ 为开钻时井筒直径，即最大钻头直径，mm；$V_{返}$ 为井内环形空间中钻井液的返回速度，m/s；γ 为钻井循环液（泥浆）的密度，g/cm³。

由上式可见，开钻时应采用较小的钻井液返回速度（如 $D_{头\max}$ =5900 mm，γ =1.2 g/cm³ 时，则 $V_{返}$ =0.4 m/s），在最大井筒中所求得的泵组最大流量 $Q_{\max}$ 才不至于过大（一般 $Q_{\max}$ =0.11 ~ 0.15 m³/s）。

由于受安装运输等条件的限制，单泵的尺寸和重量不能过大，对于双缸双作用泵，其单泵流量 $Q_{单}$ =0.05 ~ 0.06 m³/s；对于三缸单作用泵，$Q_{单}$ =0.04 ~ 0.05 m³/s。所以泵组中泵的台数应为：$Q_{\max} / Q_{单}$ =2 ~ 3。即对所有钻机都至少配备 2 台泵，超重型钻机应配备 3 台泵，特殊情况下，如对特复杂地层或超深、海上钻机，也有配备 4 ~ 5 台泵的，其泵组的最大流量常高于常规许多，即多配一台机动泵和服务泵（调配或倒换钻井液），以适应事故情况下特大流量的需要。

（3）钻井泵额定输入功率 N_{pe}

在最大井深时虽出现最大泵压户 $P_{\max}$，但此时流量很低，所以最大井深时的泵组水功率不是最大值，往往在较浅井段的较大井筒中由于流量较大，且泵压较高（或最高），会出现最高泵组水功率，所以应选择 2 ~ 3 个可能出现最大水功率的情况，分别计算其水功率，最后选其最高者。由这个功率来确定钻井泵额定输入功率 N_{pe}。

5. 驱动系统参数

驱动系统参数包括单机额定功率 N 、总装机功率 N_t 等。

二、地面旋转设备

地面旋转设备是旋转钻机的重要组成部分，其主要功用是旋转钻柱、钻头、破碎岩石、形成井眼。其主要包括转盘、水龙头和顶驱钻井系统三大部分。

（一）转盘

转盘是旋转钻机的关键设备，也是钻机的三大工作机之一。转盘实质上是一个大功率的圆锥齿轮减速器。在钻进过程中，转盘的作用是把发动机的动力通过方瓦传给方钻杆、钻杆、钻铤和钻头，驱动钻头旋转，从而实现进尺，钻出井眼。在起下钻和下套管过程中，需要把管柱卡在转盘上进行卸扣。因此，始终使转盘处于良好的工作状态，是快速优质钻井的必备条件之一。

1. 钻井工艺对转盘的要求

①具有足够大的扭矩和多挡的转速。扭矩用于转动钻柱带动钻头破碎岩石；高挡转速用于快速钻进，低挡转速是为了满足打捞、对扣、倒扣、造扣或磨铣落于井底的刮刀片、牙轮或其他物件等特殊作业的要求。

②具有足够抗震、抗冲击和抗钻井液腐蚀的能力，尤其是上轴承应有足够的强度和寿命，并要求其承载能力不小于钻机的最大钩载。

③能正、反转，且具有可靠的制动机构。

④转盘中心孔的直径应能通过最大号钻头。但也不能过大，否则会造成钻盘体积过大和井口操作不便，一般在 525 ~ 600 mm。

⑤转台面直径应根据中心孔直径、操作是否方便及吊卡尺寸等因素确定，一般以 ϕ1000 mm 左右为宜。

⑥在结构上应具有良好的密封、润滑和散热性能，以防外界的泥浆、污物进入转盘内部损坏主辅轴承。

2. 转盘的结构组成

图 2–1 所示是我国深井钻机中广泛使用的 ZP–275（in）转盘，也称为 ZP–700 型转盘，其主要由水平轴总成、转台总成、主辅轴承、密封及壳体等部分组成。

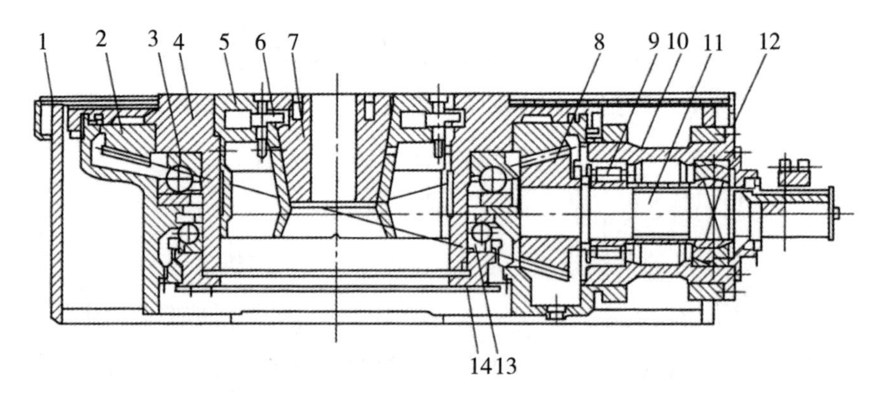

1- 壳体；2- 大圆锥齿轮；3- 主轴承；4- 转台；5- 大方瓦；6- 大方瓦与方补心锁紧机构；7- 方补心；8- 小圆锥齿轮；9- 圆柱滚动轴承；10- 套筒；11- 快速轴（水平轴）；12- 双列向心球面滚子轴承；13- 辅助轴承；14- 调节螺母

图 2-1 ZP–700 型转盘

（1）水平轴总成

水平轴总成主要由链条驱动的动力输入链轮或万向轴驱动的连接法兰、水平轴、小圆锥齿轮、轴承套和底座上的小油池组成。水平轴由两副轴承支承，靠近小圆锥齿轮的轴承是向心短圆柱轴承，它只承受径向力。靠近动力输入端的轴承是双列向心球面滚子轴承，其主要承受径向力和不大的轴向力。在水平轴的另一端装有双排链轮或连接法兰。小圆锥齿轮与水平轴装好后，与两个轴承一起装入轴承套中，再将轴承套连同套内的各件一起装入壳体。大、小圆锥齿轮之间的间隙可通过轴承套与壳体之间的调整垫片调节。

（2）转台总成

转台总成主要由转台迷宫圈、转台、固定在转台上的螺旋齿大锥齿轮、主轴承、辅轴承、下座圈、大方瓦和方补心等组成。转台体如同一根又粗又短的空心立

轴，借助主轴承座将螺旋齿大锥齿轮安装在壳体上。转台迷宫圈（两道环槽）装在转台外缘上，与壳体上的两道环槽形成动密封，防止钻井液及污物进入转台并损坏主轴承。转台是一个铸钢件，其内孔上部为方形，以安装方瓦，下部为圆形。

（3）主辅轴承

主轴承起承载和承转作用。静止时，承受最重管柱重量；旋转工作时，承受主要由方钻杆下滑造成的轴向载荷及圆锥齿轮传动所形成的径向载荷。辅助轴承起径向扶正和轴向防跳的作用。

（4）转盘的制动机构

在转盘的上部装有制动装置，以控制转台的转动方向。制动装置由两个操纵杆、左右掣子和转台外缘上的 26 个燕尾槽组成。当需要制动转台时，扳动操纵杆，将左右掣子之一插入转台 26 个燕尾槽的任意一个槽中，即实现转盘制动。当掣子脱离燕尾槽时，转台即可自由转动。

（5）壳体

壳体相当于转盘的底座，它由铸钢件和板材焊接而成。壳体主要是主辅轴承及输入轴总成的支撑，同时，也是润滑圆锥齿轮和轴承的油池。其内腔对着小圆锥齿轮下方的壳体上形成半圆形大油池，用以润滑主轴承，在水平轴下方的壳体上形成小油池，用以润滑支撑水平轴的两个轴承。

3. 转盘的使用及维护保养

（1）使用前的准备与检查

转盘在使用前应做如下准备工作：①对于新转盘应先在油池内加足工业齿轮润滑油，油面应达到油标尺最高位置；②对锁紧装置上的销轴注入润滑脂；③在转盘开动前，锁紧装置上的操纵杆或手柄应在不锁紧位置，以防转盘启动时损坏转盘内的零部件，制动块和销子转动应灵活，制动应可靠；④检查转台与方瓦、方瓦与补心是否锁紧；⑤检查快速轴上的弹簧密封圈是否可靠；⑥检查转盘油池和轴承温度是否正常；⑦检查链轮是否有轴向位移，如果有，则用螺栓固紧轴端压板，然后装上转盘链条护罩或万向轴护罩，装上护罩前不得使其运转；

⑧使转盘平稳启动，慢慢合上气阀手柄或转盘离合器，检查转台是否跳动，并检查圆锥齿轮的啮合情况，检查声音是否正常，应无咬卡和撞击噪声。

（2）工作中的检查

工作中需进行如下检查：①每班应检查转盘的固定情况，检查是否平、正、稳和牢固；②检查运转的声音是否正常，动力输入轴端的弹簧密封圈密封是否可靠；③每班检查油池内油面是否符合要求，必须以停车 5 min 后检查的油位为准，检查油的清洁情况，如油脏要及时换油，检查油池和轴承温度是否正常；④严禁使用转盘崩扣，防止损坏齿轮牙齿；⑤钻进和起下钻过程中应避免猛憋、猛顿，以防损坏零件；⑥钻台和转盘面要保持清洁，油标尺和黄油嘴要上紧；⑦方补心不能高于大方瓦面 3 mm，大方瓦与转台面要齐平；⑧当转盘承受较大冲击载荷后（如卡钻、顿钻）应检查运转声音有无异常；⑨定期检查输入轴端的万向轴连接法兰（或链轮）是否有轴向窜动，如有，应拧紧轴端压板螺钉；⑩定期检查下座圈的连接螺栓是否松动。

（3）润滑的检查

①锥齿轮副和所有轴承均采用飞溅润滑，润滑油每 2 个月更换 1 次，每周检查 1 次油的清洁情况，油脏应立即更换，换油时应使用轻质油彻底清洗油池，然后注入工业齿轮油润滑；②防跳轴承和锁紧装置销轴应每周润滑 1 次，用油枪注入锂基润滑脂。

（二）水龙头

水龙头是钻机的旋转系统设备，又起着循环钻井液的作用。它悬挂在大钩上，通过上部的鹅颈管与水龙带相连，下部与方钻杆连接。一方面要导输来自钻井泵的高压钻井液，将其引入旋转钻井柱内注入井底洗井；另一方面还要承受井内钻具的全部重量，悬挂钻柱并保证钻具自由旋转。因此，水龙头是旋转钻机中提升、旋转、循环三大工作机中相交汇的关键设备，是连接旋转系统、起升系统和循环系统的纽带。

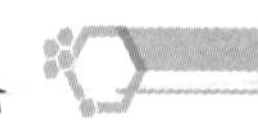

1. 钻井工艺对水龙头的要求

①水龙头的各承载件（如中心管、主轴承、提环、提环销等）要有足够的强度、刚度和寿命，并且连接可靠，其承载力应不小于钻机的最大钩载。

②鹅颈管、冲管（钻井液管）、中心管内径应使水力损失达到最低程度，并具有耐高压、耐磨、防腐蚀的特性。管内钻井液流速不应超过 5 m/s。

③水龙头的外型应圆滑无尖角，尺寸大小适中，易于在井架内部通过。

④水龙头上端与水龙带连接处能适合水龙带在钻进过程中的伸缩弯曲。水龙头下端有反扣的钻具丝扣以便与方钻杆上端反扣连接，并且要求连接可靠，能承受高压，上、卸扣方便。

⑤有可靠的高压钻井液密封系统，且耐压、耐磨、耐腐蚀和拆卸迅速、方便。能够自动补偿工作中密封件的磨损。

⑥水龙头的易损件如冲管、冲管盘根、机油盘根等应耐磨，寿命长，且易于检查、维修和更换。

2. 水龙头的结构组成

普通水龙头的结构主要由“三管”“三（或四）轴承”“四密封”组成。“三管”即鹅颈管、冲管、中心管；“三轴承”即主轴承、上扶正轴承、下扶正轴承，所谓四轴承结构，即除上述三轴承外，还有一个防跳轴承；“四密封”即上、下钻井液密封和上、下机油密封。下面以较典型的 SL–450 水龙头为例，介绍水龙头的结构组成及特点。

SL–450 水龙头包括固定部分、旋转部分和密封部分。固定部分由外壳、上盖、下盖、鹅颈管、提环等组成；旋转部分由中心管、接头、主轴承、上扶正（防跳）轴承和下扶正轴承组成；密封部分由上、下钻井液密封总成和上、下机油密封盘根装置组成。

（1）固定部分

①提环是由合金钢经锻造再热处理后加工而成，通过提环销与外壳相连。②外壳是一个中空的铸钢件，用螺栓分别与上、下盖连接，构成润滑和冷却水龙头主轴承和扶正轴承的密闭壳体和油池。外侧面装有 3 个防止吊环撞击的橡胶缓

冲器。③上盖是铸钢件。其上部加工成法兰，用于安装鹅颈管。其下部是圆形，用螺栓与壳体上部连接，构成壳体上盖，在圆盖中心孔处装有扶正（防跳）轴承和两个反向安装的自封式 U 形上机油弹簧密封圈，以防壳体内部油液外漏和外界泥浆及其他脏物侵入壳体内部。圆盖上有一个螺纹孔，用来添加油液和固定油标尺，油标尺的丝堵（呼吸器）上有一个折角通孔，用以排除壳体内热气，降低润滑油温度。④鹅颈管是一个中空的合金钢铸件，在其下部的异型法兰上有左螺纹，通过上钻井液盘根压盖与冲管总成连接。⑤下盖是一个圆形铸钢件，用螺栓与壳体连接，在其中心孔处安装下扶正轴承和 3 个自封式 U 形弹簧密封圈。下盖上有两个排油孔，用于更换壳体内的油液，排油孔的丝堵带有磁性，用以吸附壳体内的金属屑。

（2）旋转部分

①中心管是用合金钢锻造并经热处理加工而成，它是水龙头旋转部分的重要承载部件。它不仅要在旋转的情况下承受全部钻柱的重量，其内孔还要承受高压钻井液压力。中心管上端连接冲管总成，下端母扣与保护接头连接，保护接头再与方钻杆上端连接。中心管上、下端螺纹均为左旋，以防钻进时松扣。②主、辅轴承中的主轴承为圆锥滚子轴承，承载能力大，寿命长。下扶正轴承为短圆柱滚子抽承。上扶正（防跳）轴承是圆锥滚子轴承，它能同时承受较大的轴向力和径向力，并兼有扶正和防跳双重作用。上、下扶正轴承的作用是承受中心管转动时的径向摆动力，使中心管居中，保证密封效果。因此，上、下扶正轴承距离较远时扶正效果较好。上扶正轴承在上机油盘根下，下扶正轴承在下机油盘根上，分别由上盖和下盖用螺栓压紧。

（3）密封部分

密封部分由上、下钻井液冲管盘根盒组件和上、下机油盘根盒组件四部分组成。

①上、下钻井液冲管盘根盒组件。该水龙头采用浮动式冲管结构和快速拆装的 U 形液压自封式冲管盘根盒总成。浮动式冲管盘根是将上、下冲管盘根装于盘根盒中，构成上、下盘根盒组件。盘根分别套在冲管上、下端面的外径上，

通过密封盒压盖分别与鹅颈管和中心管组装为一体。上钻井液密封盒组件由上密封盒压盖、上密封盒、上密封金属压套、U形自封式盘根、金属衬垫、弹簧圈和O形密封圈组成。金属压套上有花键与冲管上部的花键相匹配，保证冲管不能转动，但能够上、下窜动。弹簧圈用于将压套、盘根及衬垫固定在冲管上及上盘根盒内。上盘根盒组件通过上盘根盒压盖上的左旋螺纹与鹅颈管上的异型法兰连接。下钻井液盘根盒组件由下钻井液盘根盒压盖、盘根盒、4个U形自封式盘根、4个金属隔环、1个下O形密封压套、O形密封圈和在盘根盒上的1个黄油嘴组成。下密封盘根盒组件通过下盘根盒压盖上的左旋螺纹安装在中心管上，因此下钻井液盘根盒组件是旋转的，而冲管不转，为了减少盘根与冲管间的磨损，必须定期通过下盘根盒上的黄油嘴注入润滑脂。盘根盒中的U形盘根要注意安装方向，上盘根朝向鹅颈管，下盘根朝向中心管。盘根装置可快速拆卸，在钻井过程中可随时更换，更换时用161b铁锤敲击盘根盒压盖上的凸台，使其旋转，将上、下盘根盒旋下，即可将整个装置从上盖一侧取出，不需要拆卸鹅颈管和水龙带。

②上、下机油密封装置。其上部机油盘根组件包括2个U形橡胶密封圈和橡胶伞；它的功用是防止油池内机油从中心管溢出和钻井液及脏物进入壳体内部。机油盘根和橡胶伞都装在盖内，由上盖法兰压紧，只承受低压。下部机油盘根组件包括3个U形自封式橡胶密封圈和石棉板，用下盖压紧，其作用是在中心管旋转时密封油池下端防止漏油，只承受低压。此外，在多处需要密封的两个连接件之间均装有O形密封圈，以保证密封。

除了普通水龙头，还有两用水龙头。与普通水龙头相比，两用水龙头只是多了一个风马达。风马达通过变速箱驱动中心管快速转动，完成在接单根作业时快速上扣动作。风马达气源来自钻机气控制系统，可以满足接单根时上扣的需要。

3. 水龙头的使用、维护和保养

水龙头的使用、维护和保养，要注意以下几点：①水龙头在搬运过程中必须带上护丝；②使用前要检查中心管的转动情况，一个人用914 mm链钳转动中心管，应转动自如，无阻卡现象；③新水龙头使用前要试压，按高于钻进最大工作压力1 ~ 2 MPa试压15 min，压力不降为合格，否则需重装盘根盒；④检查水龙头壳体是否温度过高，油温不得超过 70℃；⑤每班都要检查 1 次水龙头体内的油位，油位不得低于油标尺尺杆最低刻度，润滑油每 2 个月更换 1 次。对新的或新修理过的水龙头，在使用满 200 h 后应更换润滑油。换油时应将脏油排净，用清洗油洗掉全部沉淀物，再注入清洁的工业齿轮油。

提环销、盘根装置、上部和下部弹簧密封圈以及风动马达和传动系统采用锂基润滑脂 1#（冬季）、2#（夏季）润滑，每班润滑 1 次。应在没有泵压的情况下润滑钻井液盘根，以便润滑脂能挤入盘根装置的各个部位，更好地润滑钻井液管和各个钻井液盘根。应定期检查油雾器油面高度。油雾器应加注 L–AN15 号机械油。

三、顶驱钻井系统

顶部驱动钻井系统是取代转盘钻进的新型石油钻井系统，英文缩写为 TDS（Top Drivedriling System）。顶驱钻井系统自 20 世纪 80 年代问世以来发展迅速，尤其在深井钻机和海洋钻机中获得了广泛应用。顶驱钻井系统现在已发展到最先进的一体化顶部驱动钻井系统，该系统显著提高了钻井作业的能力和效率，并已成为钻井行业的标准产品。通常，人们把配备了顶驱钻井系统的钻机称为顶驱钻机，考虑到顶驱钻井系统的主要功用来自钻井水龙头和钻井马达，故将其列为钻机的旋转系统设备。

（一）顶驱钻井系统的特点

顶驱钻井系统是一套安装于井架内部，由游车悬持的顶部驱动钻井装置。常规水龙头与钻井马达相结合，并配备一种结构新颖的钻杆上卸扣装置，从井架空间上部直接旋转钻柱，并沿井架内专用导轨向下送进，可完成旋转钻进、倒划眼、循环钻井液、接钻杆（单根、立根）、下套管和上卸管柱丝扣等各种钻井操作。与转盘—方钻杆旋转钻井法相比较，顶驱钻井系统具有以下主要特点：

1. 节省接单根时间

顶部驱动钻井装置不使用方钻杆，直接采用立根（28 m）钻进而不受方钻杆

长度限制，避免了钻进 9 m 左右接单根的麻烦，节省了近 2/3 的接单根时间，从而提高了钻井效率。

2. 减少钻井事故

起、下钻时，顶部驱动钻井装置具有使用 28 m 立柱倒划眼的能力，可在不增加起钻时间的前提下，顺利地循环和旋转将钻具提出井眼。在定向钻井过程中，可以大幅减少起钻总时间。使用顶部驱动钻井装置下钻时，可在数秒内接好钻柱，立刻划眼，从而减少了卡钻的危险。系统具有遥控内部防喷器，钻进或起钻中如有井涌迹象，可在数秒内完成旋扣和紧扣，恢复循环，并安全可靠地控制钻柱内压力。

3. 提高钻定向井速度

顶驱系统以 28 m 立根钻水平井、丛式井、斜井时，不仅节省钻柱连接时间，而且减少了测量次数，容易控制井底马达的造斜方位，明显提高了钻井效率。

4. 减轻劳动强度

顶驱系统配备了钻杆上卸扣装置，实现了钻杆上卸扣操作机械化，接单根时只需要打背钳，减少了接单根钻井的频繁常规操作，既节省时间，又大大减轻了操作工人的劳动强度，钻杆上卸扣装置总成上的倾斜装置可以使吊环、吊卡向下摆至鼠洞，大大减少了人身事故的发生。

5. 设备安全

顶部驱动钻井装置采用马达旋转上扣，上扣平稳，并可从扭矩表上观察上扣扭矩，避免上扣扭矩过盈或不足。钻井最大扭矩的设定，使钻井中出现蹩钻扭矩超过设定范围时马达会自动停止旋转，待调整钻井参数后再正常钻进，避免设备超负荷长时间运转。

6. 提高取芯质量

系统以 28 m 立根进行取芯钻进，改善了取芯条件，提高了取芯收获率，减少了岩芯污染，提高了岩芯质量。

（二）顶驱钻井系统的结构

顶驱钻井系统主要包括钻井马达—水龙头总成、钻杆上卸扣装置、导轨—导向滑车总成、平衡系统、冷却系统、控制系统和附属设备等。

1. 钻井马达—水龙头总成

（1）钻井马达

钻井马达是顶驱钻井系统的动力源，根据马达的类型可将顶驱分为液马达顶驱、AC-SCR-DC 顶驱和 AC-VF-AC 变频顶驱。Varco 公司生产的 TDS-11SA 型顶驱系统（AC-SCR-DC 驱动），马达上装有双头电枢轴和垂直止推轴承。气刹车用于马达的惯性刹车，承受钻柱扭矩，并有利于定向钻井的定向工作。气刹车由一个远控电磁阀控制，其气源来自钻机气控制系统。

（2）齿轮箱总成

TDS-11SA 型顶部驱动钻井装置的单速变速箱主要由大齿齿轮、小齿齿轮、箱体、主轴和钻井马达等部件组成。变速箱是一个单速齿轮减速装置，水龙头主止推轴承装在齿轮箱内，主轴由主止推轴承支撑，主轴通过一个锥形衬套连接大齿轮，并支撑钻杆上卸扣装置。

通过 3 ~ 4 hp 的马达驱动润滑油泵，润滑油通过主止推轴承、上轴承，再经齿轮间隙、水冷或风冷的热交换器连续循环，并对齿轮进行强制润滑。油泵、油热交换器和油滤清器安装在传动箱外壳上。

（3）整体水龙头

水龙头主止推轴承位于大齿圈上方的变速箱内部。主轴的上部台阶被安置在主止推轴承上，用以支承钻柱的负荷。水龙头密封总成装在钻井马达上方，由标准冲管、组合盘根、联管螺母组成。联管螺母使密封总成作为一个整体运动，使水龙头密封总成能够承受 42 MPa 的工作压力。盘根盒为快速装卸式，与普通水龙头相同，只要松开上、下压紧盘根帽，即可快速拆装、更换冲管和盘根。

（4）钻井马达冷却系统

钻井马达冷却系统为风冷，马达的冷却是借助鼓风机和空气进气管道来实

现的，鼓风机由一台 20 hp、3450 r/min 的防爆交流电动机驱动。

2. 钻杆上卸扣装置

顶驱钻井系统将钻井马达和钻井水龙头组合在一起，除了具有转盘和常规水龙头的功能，更重要的是它配备了一套结构新颖的钻杆上卸扣装置，从而实现了钻柱连接、上卸扣操作的机械化及自动化，使钻机旋转系统设备焕然一新。

钻杆上卸扣装置由扭矩扳手、内防喷器和启动器、吊环连接器、吊环倾斜器、旋转头总成等组成。

（1）扭矩扳手

扭矩扳手用于卸扣，通过吊架将其悬挂于旋转头上。扭矩扳手位于内防喷器下部的保护接头一侧，两个液缸连接在扭矩管和下钳头之间，下钳头延伸至保护接头外螺纹下方。

钳头的夹紧活塞用来夹持与保护接头相连接的钻杆内螺纹。扭矩管内的母花键同上部内防喷器下方的公花键相啮合，为液缸提供反扭矩。卸扣时，启动扭矩扳手，使其自动上升并与内防喷器上的花键相啮合，在得到程序控制压力后，夹紧液缸开始动作，夹紧活塞的夹持爪夹住钻杆的母接头。当液缸中的液体压力上升至夹紧压力时，另一程序阀自动开启，并将压力传给和扭矩臂相连的两个扭矩液缸（冲扣液缸）使保护接头及上轴旋转 25°，完成冲扣动作。再启动钻井马达旋扣，完成卸扣操作，钻杆上卸扣装置另有两个缓冲液缸，类似大钩弹簧，可提供螺纹补偿行程 125 mm。整个作业由司钻按动控制台上的电按钮便可自动完成。

扭矩管升降机构有两挡，使用一挡，夹紧装置可以升起，直到能夹住保护接头，可根据需要上紧和卸开保护接头。换用二挡则可以卸开下防喷器或调节接头。用手动阀控制上卸扣旋转方向。

（2）内防喷器和启动器

内防喷器由带花键的远控上部内防喷器和手动下部内防喷器组成，属于全尺寸、内开口、球形安全阀式的井控内防喷系统。上、下内防喷器形式相同，接在钻柱中，可随时将顶部驱动钻井装置同钻柱连起来使用。内防喷器还有一个功用：当上卸扣时，扭矩扳手同远控上部内防喷器的花键相啮合即可传递扭矩。在井控作业时，可以将下部内防喷器卸开留在钻柱当中。顶部驱动钻井装置还可以用一个中间转换接头，将钻柱和下部内防喷器连接起来。

在扭矩扳手架上装有两个双作用液缸，液缸的动作由司钻通过控制台上的电开关和电磁阀来控制。液缸推动位于上部内防喷器一侧的圆环。同液缸相连接的启动手柄与圆环相啮合，可以远控开启或关闭上部内防喷器。

（3）吊环连接器、吊环和钻杆吊卡

吊环连接器通过吊环将下部吊卡与主轴相连，主轴穿过齿轮箱壳体，齿轮箱壳体又同整体水龙头相接。吊环连接器额定负荷 650 t，可配 350 ~ 650 t 提升能力的标准吊环。一般钻井配用 3.35 m、350 t 的吊环和中开钻杆吊卡，留出一定的空隙装固井水泥头，固井时要用 4.57 m 长吊环。吊环配对使用，以保持最佳平衡效果。

提升负荷通过吊环连接器、承载箍和吊环传给主轴。在没有提升负荷的条件下，主轴可在吊环连接器内转动。吊环连接器可根据起下钻作业的需要随旋转头转动。与常规吊卡相比，该吊卡在连接吊环处较宽，且吊环长，可避免钻进时同其他设备相碰。

（4）吊环倾斜器

吊环倾斜装置上的吊环倾斜臂位于吊环连接器的前部，由空气弹簧启动，钻杆上卸扣装置上的 2.7 m 长吊环在吊环倾斜装置启动器的作用下可轻松摆动，提放小鼠洞内的钻杆。启动器由电磁阀控制。该装置的中停机构便于井架工排放钻具作业。吊环倾斜装置的主要功用：①吊鼠洞中的单根；②接立根时，不需井架工在二层台上将大钩拉靠到二层台上。

若行程为 1.3 m 的吊环倾斜装置不能满足使用要求，则可使用行程为 2.9 m 的长行程吊环倾斜装置。有些国产吊环倾斜器通过液缸控制操作，吊环可前倾 30°，后摆 60°。

（5）旋转头总成

当钻杆上卸扣装置在起钻中随钻柱部件旋转时，能始终保持液路、气路的连通。在固定法兰体内部钻有许多油气通道，一端接软管口，另一端通往法兰，

向下延伸到圆柱部分的下表面。在旋转滑块的表面部分有许多密封槽，槽内也有许多流道，密封槽与接口靠这些流道相通。当旋转滑块位于固定法兰的支承面上，密封槽与孔眼相对接时，滑块和法兰不论是旋转还是在任意固定位置，都始终有油气通过。旋转头可自由旋转和定位。当旋转头锁定在 24 个刻度中任意位置上时，则通过凸轮顶杆和自动返回液缸对凸轮的作用，使旋转头自动返回预定位置。

3. 导轨—导向滑车总成

导轨—导向滑车总成由导轨和导向滑车框架组成。导轨装在井架内部，通过导向滑车或滑架对顶驱钻井装置起导向作用，钻井时承受反扭矩。20 世纪 80 年代顶驱系统多为双导轨，90 年代改为单导轨，单导轨顶驱系统结构更加轻便。导向滑车上装有导向轮，可沿导轨上、下运动，游车固定在其中。当钻井马达处于排放立根位置上时，导向滑车则可作为马达的支撑梁。

4. 平衡系统

平衡系统又称为液气弹簧式平衡装置。平衡系统有两个作用：一是防止上卸接头时损坏螺纹；二是在卸扣时，可帮助外螺纹接头从内螺纹接头中弹出。这就为顶驱钻井装置提供了一个类似于大钩的 152 mm 的减震冲程。因顶驱系统太重，大钩弹簧的弹性力对顶驱钻井系统起不了缓冲作用，所以，顶驱钻井系统不安装大钩。

平衡系统包括两个相同油缸及其附件，以及两个液压储能器和一个管汇及相关管线。油缸一端与整体水龙头相连，另一端或与大钩耳环连接，或直接连到游车上。这两个液缸还与导向滑车总成马达支架内的液压储能器相通。储能器通过液压油补充能量并保持一个预设的压力，其压力值由液压控制系统主管汇中的平衡回路预先设定。

平衡系统的活塞杆上端与游车连接，油缸下端与水龙头连接。油缸上腔始终通高压油，下腔油缸产生的向上拉力作用在水龙头上，一直提着水龙头。两个相同的油缸产生的向上拉力的合力要比顶驱钻井装置和立根的自重大一些，当上、卸螺纹完成时，蓄能器排放出压力油供给油缸工作。随着蓄能器内的油液逐渐被放出，油压会逐渐降低，油缸的拉力也就逐渐减少。当油缸的拉力小于顶驱钻井装置和立根本身重量（忽略导轨的摩擦力）时，上提过程由加速变为减速，最后停止上移。当提起整个钻柱时，钻柱和顶驱钻井装置的重量大于油缸向上的拉力，油缸被拉下来，缸内油液被排出，大部分返回蓄能器储存。

5. 控制系统

顶驱钻井装置的控制系统主要由司钻仪表控制台、控制面板、动力回流等组成。控制系统相当于为司钻提供了一个控制台，通过这个控制台实现对顶驱钻井装置的控制。司钻仪表控制台由扭矩表、转速表、各种开关和指示灯组成。顶驱钻井装置的基本功能为吊环倾斜、远控内防喷器、马达控制、马达旋扣扭矩控制、紧扣扭矩控制、转换开关等。

钻井时的转速、扭矩和旋转方向由可控硅控制台控制。可控硅控制台装有马达控制指示灯、远控内防喷器指示灯和马达鼓风机指示灯。

（三）顶驱钻井装置的操作

1. 钻进

（1）采用立根钻进

这是顶驱钻井系统独有的钻进方式，但必须提前在井架内配好立根。采用立根钻进的操作步骤：①钻完井中立柱，坐放卡瓦；②关闭泥浆泵，关闭内防喷器阀；③用顶驱钻井电机和管子处理装置的背钳卸开保护接头与钻杆的连接扣（冲扣）；④用钻井电机旋开连接扣（冲扣）；⑤提升顶驱系统；⑥操作顶驱旋转头和吊环倾斜装置，将吊卡移至井架工处；⑦井架工将立柱扣入吊卡；⑧复位吊环倾斜装置，缓慢提升顶驱，提起立柱；⑨下降顶驱钻工将立柱插入钻柱母扣；⑩继续缓慢放下顶驱系统，使立柱上部插入对扣导向口（喇叭口），直到保护接头公扣进入钻杆母扣；⑪ 用钻井电机旋扣和紧扣（紧扣扭矩必须预先设定），打背钳(内钳）承受反扭矩；⑫ 撤掉打背钳(内钳），提出卡瓦；⑬ 打开内防喷器阀，开动泥浆泵，恢复钻进。

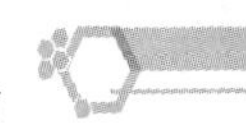

（2）接单根钻进

在钻井过程中有两种情况需要接单根钻进，一种是新开钻井，井架中没有接好的立根；另一种是利用井下动力造斜时，每 9.4 m 必须测一次斜。其操作步骤：①钻完井中单根，坐放卡瓦；②关闭泥浆泵，关闭内防喷器阀；③用顶驱钻井电机和管子处理装置的背钳卸开保护接头与钻杆的连接扣；④用钻井电机旋扣；⑤提升顶部驱动系统，使吊卡露出钻柱母扣；⑥启动吊环倾斜装置，使吊卡摆至小鼠洞中的单根上方，下放顶部驱动系统，钻工将小鼠洞的单根扣入吊卡；⑦提升顶驱，提单根出小鼠洞，复位吊环倾斜装置，对好钻台面钻具的公母扣，下放顶部驱动系统，使单根进入导向口；⑧用钻井电机旋扣和紧扣（扭矩方式），大背钳（内钳）承接反扭矩；⑨撤掉大背钳（内钳），提出卡瓦；⑩打开 IBOP，开动泥浆泵，恢复钻进。

2. 起下钻操作

①起下钻采用常规方式，顶驱装置降低了井架工的工作强度，并减少了起下钻时间。可以使用旋转头和吊环倾斜装置使吊卡靠近井架工并且定位，以便井架工扣吊卡。

②由于钻柱的摩阻或扭矩，打开旋转锁定机构，旋转钻杆上卸扣装置使吊卡可以沿任一方向转动；吊环倾斜装置上的中停机构，可调节吊卡和二层台的距离。如钻柱旋转，吊卡将回到原定位置。

③起下钻过程中如遇阻，可在井架任一高度用钻井电机将顶驱接到立柱上，立即建立循环和旋转活动钻具（划眼），使钻具通过遇阻点。

④注意在井下钻具坐在吊卡上时，不能用手轮转动中心管。

3. 倒划眼操作

利用顶驱钻井系统可进行倒划眼，防止钻杆黏卡和破坏井下键槽。倒划眼的操作步骤如下：

①在循环和旋转的同时，提升游车，直到出现第 3 个钻杆接头。

②停止循环和旋转，坐放卡瓦，关闭内防喷器阀。

③用顶驱钻井电机和背钳卸开立柱与顶驱的连接扣，然后用钻井电机旋扣。

④用液气大钳卸开钻台面的连接扣。

⑤用钻杆吊卡提起立柱。

⑥将立柱重新排放好。

⑦放顶驱至钻台。

⑧将钻井电机主轴的公接头插入钻杆母扣，用钻井电机旋扣和紧扣，稍微下放游车，顶部驱动装置和背钳就可用于紧扣。

⑨恢复循环，继续倒划眼。

4. 井控操作程序

顶驱钻井装置可使井架在任意高度同钻柱相接，可在数秒内在井架任意高度将内防喷器接入钻柱中。起下钻井控程序的步骤如下。

①一旦发现钻杆内井涌，立即坐放卡瓦，将顶部驱动装置与钻柱对好扣。

②进行旋扣和紧扣。

③关闭远控内防喷器。上内防喷阀可承受的管内压强高达 150001 bf/in^2。

如果需要使用止回阀或其他钻井设备继续下钻，可借用下部内防喷器将止回阀接入钻柱。

第二节　柴油机

一、柴油机的工作原理与基本结构

柴油机是一部由许多机构和系统组成的复杂机器，目前，各种工作机器所使用的柴油机有多种结构形式，各有特点，但它们的结构和工作原理大致相同，本节介绍柴油机的工作原理与基本结构。

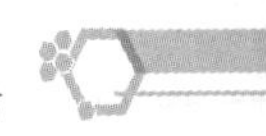

（一）柴油机的工作原理

1. 柴油机的名词术语

柴油机研究中经常提到一些名词术语，为了学习方便，这里先介绍一些常用的术语。

（1）上止点

活塞在气缸内作往复直线运动的两个极限位置称为止点，当活塞运动到其顶部距离曲轴旋转中心最远的位置时，称为上止点。

（2）下止点

活塞在气缸内作往复直线运动，当活塞运动到其顶部距离曲轴旋转中心最近的位置时，称为下止点。

（3）活塞行程（也叫冲程）

活塞从一个止点移动到另一个止点的行程，即上、下止点之间的距离称为活塞行程，常用 S 表示。一般柴油机的活塞运动一个行程，曲轴转动半圈，即 180°。

（4）曲轴半径

曲轴回转中心到曲柄销中心的距离称为曲轴半径，常用 R 表示。活塞行程等于曲轴半径的两倍，即 $S=2R$。

（5）气缸工作容积

活塞从下止点到上止点所扫过的气缸容积称为气缸工作容积，用 V_h 表示，单位 mm^3。

$$V_h=\frac{\pi}{4}D^2S \tag{2-2}$$

式中，D 为气缸直径，mm；S 为活塞行程，mm。

（6）燃烧室容积

活塞位于上止点时，活塞顶部与气缸盖之间的密闭空间称为燃烧室，此密闭空间的容积称为燃烧室容积，一般用V_e表示，单位 mm³。

（7）气缸总容积

活塞位于下止点时，其顶部与气缸盖之间的容积称为气缸总容积，一般用V_a表示，单位 mm³。

可见，气缸总容积等于气缸工作容积与燃烧室容积之和，即$V_a = V_h + V_e$。

（8）柴油机排量

柴油机的气缸工作容积称为柴油机排量，一般柴油发动机有多个工作缸，多缸柴油机各气缸工作容积的总和称为柴油机排量，用符号V_L表示。

$$V_L = iV_h \tag{2-3}$$

式中，i为气缸数量。

（9）压缩比

压缩比表示气缸内气体的压缩程度，是各种发动机的一个主要参数。压缩比是气体压缩前的容积与气体压缩后容积的比值，即气缸总容积与燃烧室容积之比，一般用ε表示。

$$\varepsilon = \frac{V_a}{V_e} = \frac{V_h + V_e}{V_e} = 1 + \frac{V_h}{V_e} \tag{2-4}$$

压缩比ε表示气缸中的气体被压缩后体积缩小的倍数，它对柴油机的性能有重要影响。压缩比越高，压缩终了时的压力和温度就越高，燃烧速度也越快，因此柴油机的功率就越大，经济性也就越高。但压缩比过高时，将使柴油机工作粗暴，曲柄连杆机构会受到极大的冲击载荷而损坏。所以压缩比只宜提高到一定范围。通常汽油机的压缩比为 6 ~ 10，而柴油机的压缩比较大，可达 16 ~ 22。

（10）工作循环

柴油机完成进气、压缩、作功和排气称为一个工作循环。

（11）四冲程柴油发动机

在柴油机完成一个工作循环中，曲轴运转两周（即角位移为 720°），活塞上下往复运动四次，这种柴油机称作四冲程柴油机。

(12) 二冲程柴油发动机

在柴油机完成一个工作循环中，曲轴运转一周（即角位移为 360°），活塞上下往复运动两次，这种柴油机称作二冲程柴油机。

2. 四冲程柴油机的工作原理

往复式柴油机的每一工作循环是由进气、压缩、燃烧作功和排气等过程组成。所谓四冲程，即进气冲程、压缩冲程、作功冲程和排气冲程。

(1) 进气冲程

为使柴油机得到充足的进气量，由配气机构控制的进气门在活塞到达上止点前就预先被顶开，当活塞自上止点向下止点移动时，排气门关闭，活塞扫过的气缸容积不断增大，活塞上方（燃烧室）将产生一定的真空，经过滤的新鲜纯净空气在气缸内、外压力差的作用下被吸入气缸，随着活塞的下行，越来越多的空气进入气缸，直到进气门关闭，完成进气过程。为获得充足的进气量，进气门往往在活塞到达下止点以后延时关闭。

由于空气滤清器、进气管道、进气门等的进气阻力损失，以及残留在气缸中的废气及高温机件的加热，使缸内压力低于大气压，而温度略高于大气温度。所以，实际进入气缸的新鲜充量低于应进入气缸的理论新鲜充量。新鲜空气充满气缸的程度一般用充气系数 η_v 来表示：

$$\eta_v = \frac{\text{实际进入气缸的新鲜充量}}{\text{进气状态下进入气缸的理论新鲜充量}} \tag{2-5}$$

柴油机的充气系数一般为 0.78 ～ 0.92。η_v 越大，吸入气缸的新鲜空气量就越多，参与燃烧的燃料量也越多，则柴油机发出的功率也就越大。

(2) 压缩冲程

压缩冲程的任务是将吸入气缸的新鲜气体压缩，使其温度升高，为喷入柴油的自燃创造条件。在完成进气工作后，活塞在连杆带动下开始由下止点向上止点移动，此时进气门和排气门都关闭，气缸容积逐渐减小，气缸内的空气逐渐被压缩，气缸中的气体温度和气体压力也随之逐渐升高，直至活塞到达上止点。活塞到达上止点时被压缩的空气压力可达 3.5 ～ 4.5 MPa，温度可达 600 ～ 730℃，这就为柴油喷入气缸后的着火燃烧和充分膨胀创造了必要的条件（柴油的自燃温度约为 300℃）。由于压缩终点的温度已高出柴油自燃温度一倍左右，所以，喷入气缸后的柴油便会迅速地燃烧，从而实现冷启动。

（3）作功冲程

作功冲程的任务是完成燃料的燃烧、膨胀并对外作功。在压缩冲程接近终了时，由喷油泵送至喷油器的柴油在高压作用下以极细的雾状喷入被压缩的空气中并发生自行燃烧，且此后一段时间喷油和燃烧同时进行，并以急剧的燃烧速度蔓延至整个燃烧室。由于此时进、排气门均是关闭的，所以高温高压（高压力可达 6 ～ 9 MPa，温度可达 1730 ～ 2230℃）气体体积迅速膨胀而推动活塞由上止点向下止点移动，并通过连杆使曲轴转动同时将动力输出，这样，热能便转变成了机械功。气缸中的燃气不断地膨胀，燃气压力和温度也相应地不断地降低。冲程终了时，气缸内压力为 200 ～ 400 kPa，温度为 930 ～ 1230℃，待活塞移到下止点时，作功冲程即告结束。

（4）排气冲程

作功冲程终了，曲轴靠飞轮的转动惯性继续旋转。为了使废气排除干净，在膨胀作功接近终了时排气门便提前开启（此时进气门仍然关闭），由于膨胀后的废气压力高于外界大气压力。所以会迅速从排气门排出。并在活塞越过上止点一定距离时（此时为下一个工作循环的进气冲程）排气门才关闭。

由于燃烧室有一定的容积，以及排气阻力的影响，废气不可能完全排净，残余废气在下一工作循环进气时与新鲜空气混合而成为工作混合气，残余废气越多，对下一工作循环的不良影响越大，因此废气排得越干净越好。

曲轴依靠飞轮的转动惯性又继续转动，当活塞从上止点向下止点移动时，又开始新的工作循环。重复上述过程，如此周而复始，于是柴油机便连续不断地运转起来。

综上可知，四冲程柴油机完成一个工作循环曲轴转两圈，活塞经历了进气、压缩、作功、排气 4 个冲程。而将热能转变为机械能。虽然四个冲程作用各不相同，但彼此却是相互依存的。进气、压缩、排气 3 个冲程需要消耗能量，但它们

为作功冲程做好了准备。而作功冲程又依赖于上述准备过程才能使燃料的热能转变为机械能而对外作功，并为 3 个辅助过程提供必要的能量。

3. 多缸四冲程柴油机各缸的工作顺序

对于四冲程柴油机而言，一个工作循环曲轴转两转（720°），每个气缸完成一个工作循环，同样经历进气、压缩、作功、排气 4 个冲程，即每个缸都轮流作功一次。但各个缸的作功以相同间隔相互交替进行，以曲轴转角 ϕ 表示的各缸发火间隔时间应力求均匀。设柴油机有 i 个气缸，则发火间隔的曲轴转角为：

$$\phi = \frac{720^\circ}{i} \tag{2-6}$$

表 2-1 为四缸四冲程柴油机各缸工作顺序，因为 $i=4$，所以各缸作功冲程的间隔角度为 ϕ =720°/4=180°，其作功顺序为 1—3—4—2。曲轴转两圈（720°），各缸以相同的时间间隔轮流作功一次。多缸柴油机虽然结构复杂，但运转平稳。可以用同一气缸直径采用不同气缸数目，产品可以系列化，使制造和维修比较方便。同时由于多缸柴油机功率可以提高，单位功率的质量可以下降，消耗材料可以减少。因此，多缸柴油机得到了广泛应用。

表 2-1 四缸四冲程柴油机各缸工作顺序

曲轴转角	一缸	二缸	三缸	四缸
0 ～ 180°	作功	排气	压缩	进气
181° ～ 360°	排气	进气	作功	压缩
361° ～ 540°	进气	压缩	排气	作功
541° ～ 720°	压缩	作功	进气	排气

六缸柴油机点火间隔角应为 ϕ =720°/6=120°，因此，曲轴的 6 个连杆轴颈分别位于 3 个平面内，各平面错开 120° ，这个角度就是各连杆轴颈间的最佳夹角，既能保证作功间隔相等，又能使惯性力得到较好地平衡。六缸柴油机的工作顺序为 1—5—3—6—2—4，这一工作顺序由柴油机曲轴形状、配气机构、燃料供给系统来保证，直列四冲程六缸柴油机工作循环情况如表 2-2 所示。

表 2-2 工作顺序为 1—5—3—6—2—4 的六缸机的工作循环

<table>
<tr><th colspan="2">曲轴转角</th><th>第一缸</th><th>第二缸</th><th>第三缸</th><th>第四缸</th><th>第五缸</th><th>第六缸</th></tr>
<tr><td rowspan="3">0 ～ 180°</td><td>60°</td><td rowspan="3">作功</td><td rowspan="2">排气</td><td>进气</td><td>作功</td><td rowspan="2">压缩</td><td rowspan="3">进气</td></tr>
<tr><td>120°</td><td rowspan="3">压缩</td><td rowspan="3">排气</td></tr>
<tr><td>180°</td><td rowspan="3">进气</td><td rowspan="3">作功</td></tr>
<tr><td rowspan="3">181° ～ 360°</td><td>240°</td><td rowspan="3">排气</td><td rowspan="3">压缩</td></tr>
<tr><td>300°</td><td rowspan="3">作功</td><td rowspan="3">进气</td></tr>
<tr><td>360°</td><td rowspan="3">压缩</td><td rowspan="3">排气</td></tr>
<tr><td rowspan="3">361° ～ 540°</td><td>420°</td><td rowspan="3">进气</td><td rowspan="3">作功</td></tr>
<tr><td>480°</td><td rowspan="3">排气</td><td rowspan="3">压缩</td></tr>
<tr><td>540°</td><td rowspan="3">作功</td><td rowspan="3">进气</td></tr>
<tr><td rowspan="3">541° ～ 720°</td><td>600°</td><td rowspan="3">压缩</td><td rowspan="3">排气</td></tr>
<tr><td>660°</td><td rowspan="2">进气</td><td rowspan="2">作功</td></tr>
<tr><td>720°</td><td>排气</td><td>压缩</td></tr>
</table>

不同的柴油机工作顺序有不同的曲轴形状，在选择柴油机工作顺序时，须满足：①为避免主轴承超负荷，必须使相邻两缸不做相同的工作；②应保证新鲜空气或可燃混合气在各个气缸中得到均匀的分配；③当气缸排列为 V 形时，应当使左右两边气缸交替着火工作。

4. 二冲程柴油机的工作原理简介

经由增压器提高压力后的新鲜空气进入气缸外部的空气室，再通过气缸壁上的进气孔进入气缸内，而废气则经由排气门排出。其工作循环如下。

（1）第一冲程

活塞自下止点向上止点运动。冲程开始时，进气孔和排气门均已打开，通过增压器而提高压力的新鲜空气进入气缸，这样的空气可起到驱逐废气的作用，这一过程称为二冲程柴油机的换气。当活塞继续上移至一定位置时，进气孔被关闭，排气门也被关闭，此时便开始压缩气体。当活塞接近上止点时，喷油器向气缸内喷入雾状柴油，柴油立刻发生自燃。

（2）第二冲程

活塞到达上止点后，着火燃烧的高温高压气体推动活塞向下运动而作功。当活塞下行至约 2/3 行程时，排气门被打开，废气靠自身的压力自由排出气缸。此后进气孔开启，再次进行换气。换气一直持续到活塞向上移动 1/3 活塞行程的距离，进气孔完全被遮盖为止。

这种形式的发动机称为气门—窗孔直流扫气柴油机，与四冲程柴油机相比，其特点是运转较为平稳，配气机构也较简单（只有排气门）。而且，完成一个工作循环它的曲轴只转一周。因此，当发动机的工作容积、压缩比和转速相同时，理论上二冲程柴油机的功率是四冲程柴油机功率的 2 倍（实际约为 1.7 倍）。虽然二冲程柴油机的换气过程中会不可避免地有一部分新鲜气体随着废气排出，但由于排出的是纯空气，没有浪费燃油，其经济性并未受到影响。

（二）柴油机的基本结构

如图 2–2 所示。柴油机通常由两大机构（曲柄连杆机构和配气机构）和五大系统（燃油供给系统、冷却系统、润滑系统、进排气系统和启动系统）组成。此外由于油田常用的柴油机很多为非自然进气的增压柴油机，这里还介绍了柴油机的废气涡轮增压系统。

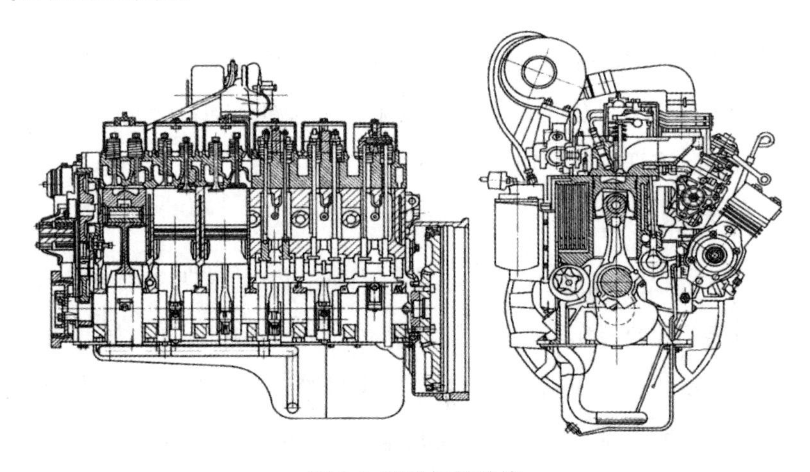

图 2-2 柴油机的结构

1. 曲柄连杆机构

曲柄连杆机构是发动机实现工作循环、完成能量转换的传动机构，用来传递力和改变运动方式。曲柄连杆机构在作功行程中把活塞的往复运动转变成曲轴的旋转运动，对外输出动力，而在其他三个行程，即进气、压缩、排气行程中又把曲轴的旋转运动变成活塞的往复直线运动。总的来说，曲柄连杆机构是发动机产生传递动力的机构，通过它把燃料燃烧后放出的热能转变为机械能。曲柄连杆机构由机体组、活塞连杆组和曲轴飞轮组组成。

（1）机体组

机体组是柴油机的固定部分，即柴油机的骨架。它是柴油机所有零部件的安装基础。柴油机的所有运动件和辅助件都支撑和安装在它上面，以确保这些零部件在工作中保持准确的相对位置。气缸盖和气缸体的圆筒内壁是燃烧室的一部分，工作时与高温、高压燃气相接触，承受很大的热负荷和机械负荷，因此，要求机体组件要有较高的耐热能力以及足够的强度和刚度。机体组件由气缸盖、气缸体、曲轴箱、油底壳等组成。柴油机气缸盖上面装有进气门、排气门等；气缸体内安装了气缸套，活塞在气缸套内作往复直线运动；曲轴箱内安装了曲轴等；油底壳一方面封闭曲轴箱；另一方面作为盛润滑油的油箱。

（2）活塞连杆组

活塞连杆组将活塞的往复运动转变为曲轴的旋转运动，同时将作用于活塞上的力矩转变为曲轴对外输出的转矩，以驱动工作机转动。活塞连杆组由活塞、活塞环、活塞销、连杆、连杆轴瓦等组成。

（3）曲轴飞轮组

曲轴飞轮组主要由曲轴、飞轮和一些附件组成。曲轴是柴油机最重要的零件之一，它与连杆配合将作用在活塞上的气体压力变为旋转的动力，同时驱动配气机构和其他辅助装置，如风扇、水泵、发电机等运转。飞轮的主要作用是储存作功行程的能量，用于克服进气、压缩和排气行程的阻力和其他阻力，使曲轴能均匀地旋转。飞轮外缘的齿圈与启动电机的驱动齿轮相啮合，供启动柴油机用；离合器也装在飞轮上，利用飞轮后端面作为驱动件的摩擦面，对外传递动力。

2. 配气机构

配气机构的作用是按柴油机工作循环的要求定时地打开或关闭进、排气孔道，以便新鲜充量能进入气缸，让燃烧后的废气排出气缸，保证柴油机能连续不断地正常工作。配气机构可以分为气门组和气门驱动组，包括进气孔、排气孔、挺柱、推杆、摇臂、凸轮轴、主凸轮轴正时齿轮（由曲轴正时齿轮驱动）等零件。

（1）气门组

气门组的作用是实现汽缸的密封。

（2）气门驱动组

气门驱动组的作用是使气门按发动机配气相位规定的时刻及时开、闭，并保证规定的开启时间和开启高度，包括凸轮轴、气门挺柱、推杆、摇臂等。

3. 燃油供给系统

燃油供给系统主要包括燃油箱、输油泵、喷油泵、喷油器、进排气管、滤清器及高低压油管等。柴油机要完成工作循环，必须向气缸内供应纯净空气并在规定的时刻向气缸内喷入雾化的柴油，从而形成良好的可燃混合气，并将燃烧后的废气按规定的管路导出。这就是柴油机的燃料供给系统所担负的任务。常见的有直列柱塞式喷油泵供油系统和分配式喷油泵供油系统两种类型。柱塞式喷油泵供油系统一般由油箱、输油泵、燃油滤清器、直列柱塞式喷油泵、喷油器等组成，还包括调速器、油水分离器和供油提前角调节装置等，如图 2–3 所示。分配式喷油泵燃油供给系统组成如图 2–4 所示。

4. 润滑系统

柴油机内部有很多高速运动的摩擦面，有摩擦就有磨损，同时摩擦还要产生热量，使零件的温度升高，配合间隙发生变化，从而使零件磨损加剧。为了减小摩擦阻力和减缓磨损，需要向这些摩擦表面提供一定压力和流量的润滑油。即用湿摩擦代替零件之间的干摩擦，同时也可以清洗和冷却运动表面。为此，柴油机设有润滑系统，其主要由油底壳、机油泵、油道、滤清器及机油散热器等组成。根据柴油机中各运动副不同的工作条件，可采用以下 3 种润滑方式。

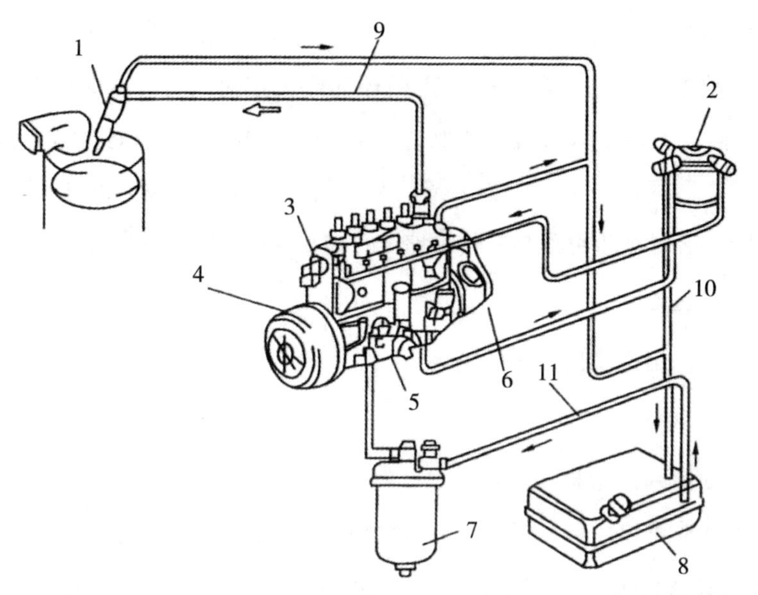

1- 喷油器；2- 燃油滤清器；3- 直列柱塞式喷油泵；4- 喷油提前器；5- 输油泵；6- 调速器；7- 油水分离器；8- 油箱；9- 高压油管；10- 回油管；11- 低压油管

图 2-3 柱塞式喷油泵燃油供给系统

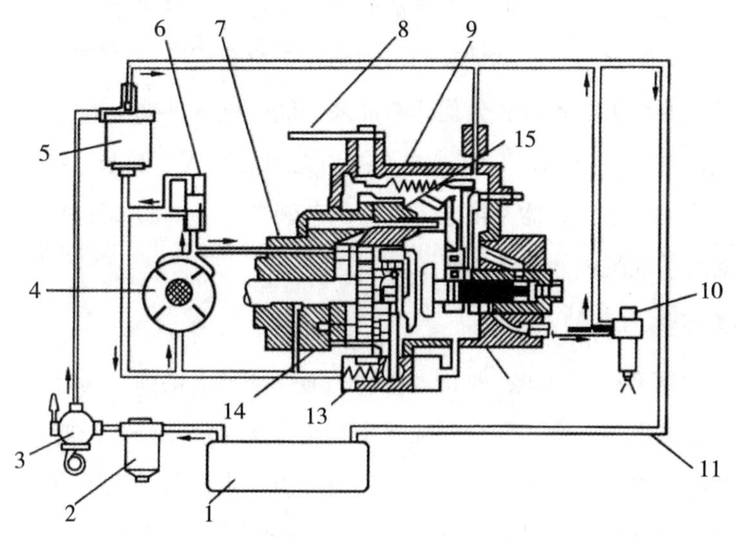

1- 油箱；2- 油水分离器；3- 一级输油泵；4- 二级输油泵；5- 燃油滤清器；6- 调压阀；7- 分级式喷油泵传动轴；8- 调速手柄；9- 分配式喷油泵体；10- 喷油器；11- 回油管；12- 分配式喷油泵；13- 喷油提前器；14- 调速器传动传动齿轴；15- 调速器

图 2-4 分配式喷油泵燃油供给系统

（1）压力润滑

其在机油泵的作用下以一定的压力将润滑油输送到摩擦表面的润滑方式。曲轴主轴承、连杆轴承及凸轮轴轴承等承受负荷较大的摩擦表面采用压力润滑。

（2）飞溅润滑

其利用发动机工作时运动零件击溅起来的油滴或油雾来润滑摩擦表面。这种润滑方式主要用来润滑负荷较小的气缸壁面和配气机构的凸轮、挺柱、气门杆以及摇臂等零件的工作表面。

（3）润滑脂润滑

其通过润滑脂嘴定期加注润滑脂来润滑零件工作表面。主要用于负荷小、摩擦力不大，露于发动机体外的一些附件的润滑面上，如水泵、发电机、启动机等部件轴承的润滑。

5. 冷却系统

柴油机是将燃料产生的热能转变为机械能的发动机，其在工作中所产生的热能一部分转化为机械能，还有一部分热传给零部件（如气缸盖、活塞、气缸体等），使零部件升温，高温使零部件的配合间隙改变，使机器的使用寿命下降。为了将受热零件吸收和多余热量及时带走，并传导出去，防止接触燃气的零件被烧坏，使零件的配合间隙变化不大，保证柴油机能正常工作，柴油机设置了冷却系统。常见的有水冷式和风冷式两类。水冷式冷却系统主要由散热器、风扇、水泵、水箱等组成；风冷式冷却系统主要由风扇、散热片、导流板等组成。

6. 启动系统

柴油机由静止状态进入运动状态，必须借助于外力才能使曲轴旋转起来，并达到一定的启动转速，这个工作由启动系统来完成。因此，起动系统的作用是借助于外力使柴油机由静止状态转入运动状态，使气缸内形成可燃混合气，实现第一次着火燃烧，进而转变成柴油机自行运转。以前的启动方法有人力启动、电动机启动和压缩空气启动。现代油田钻机用柴油机主要采用压缩空气启动，电动机启动已被淘汰，尤其是重型、超重型钻机。

7. 废气涡轮增压系统

增压就是将空气预先压缩然后供入气缸，以提高空气密度、增加进气量的一项技术。发动机通过增压提高了新鲜空气或混合气的压力及密度，因此可以提高功率及转矩，降低比油耗。一般增压功率可以提高 20% ~ 30%，如果采用中等及较高的增压压力，那么提高的幅度会更大。由于废气涡轮增压可以明显地提高发动机的动力性能，降低比油耗及排放，利用排气能量推动涡轮，带动压气机向发动机提供压力高、密度大的新鲜充量，从而提高发动机的功率及转矩。

涡轮增压器由离心式压气机和径流式涡轮机及中间体三部分组成。增压器轴通过两个浮动轴承支承在中间体内。中间体内有润滑和冷却轴承的油道，还有防止润滑油漏入压气机或涡轮机中的密封装置等。

二、柴油机的特点

与其他热机相比，柴油机具有如下特点。

（一）优点

与蒸汽机等外燃机相比，柴油机具有以下优点。

①热效率高。因燃烧过程在发动机内部进行，因而热损失少。现代柴油机的最高热效率可达 46%，而蒸汽机热效率一般只有 9% ~ 16%。热效率高意味着燃料消耗低、经济性好。

②功率范围广、适应性好。单机功率最小的不到 1 kW，最大的可达上万千瓦，可供选择的功率范围极为宽广。

③结构紧凑、质量轻、尺寸小。特别适用于运输式、移动式动力装置。

④启动快。正常情况下，柴油机在几秒钟内即可启动，并能迅速达到全负荷运行，而蒸汽机启动则要花费几个小时。

⑤使用操作方便、运行安全。柴油机的使用操作更加方便，运行也更加安全。

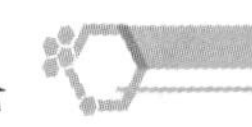

（二）缺点

当然柴油机也有一些缺点。

①对燃料要求高。高速柴油机一般使用轻柴油作燃料，并且对燃料的清洁度要求严格，难以使用固体燃料或劣质燃料。

②噪声与污染严重。柴油机噪声较大，且排出的废气对周围空气有一定污染，会引起公害，有待于努力克服。

③结构复杂、加工精度要求高。结构较复杂，对零部件加工精度要求较高。

三、柴油机拆卸及装配

为了保证整套工作机的正常运转，柴油机作为动力设备，既不能带病工作，又要延长使用寿命，提高工作效率，所以使用一段时间就应该进行大修。柴油机大修就需要拆卸和装配，因此，必须了解柴油机的结构组成和拆装工艺。柴油机是一部十分复杂的机械设备，由许多零件和部件所组成。按照规定的技术要求，将若干个零件组合成组件，再由若干个组件和零件组合成部件，最后由所有的部件和零件组合成整台柴油机的过程分别称为部装和总装，统称为装配。

（一）拆装时必要的工具和量具

工欲善其事，必先利其器。熟悉掌握柴油机维修常用工具、仪表和量具的使用方法，对于拆卸和装配来说是非常重要的。常用的工具分为手工具、专用工具等，这里仅对部分手动工具、专用工具和几种常用的仪表、量具以及简单工具的使用方法作简要介绍。

1. 手动工具

装配和维修中常用的手动工具有开口扳手、梅花扳手、套筒扳手、起子、手锤、活动扳手、火花塞套筒、油盆、毛刷等。

（1）活动扳手

活动扳手适应性强，能拆装一定尺寸范围之内的螺母或螺栓。待拆装螺栓拆装尺寸不一、数量少时可采用活动扳手。当螺母或螺栓的棱角不规则或边长稍有差异时，可用活动扳手拆装。使用时，应注意将活动扳手的活动扳口调整合适，工作时应让扳手可动部分承受推力，固定部分承受拉力，用力必须均匀。

（2）开口扳手

在维修中螺栓、螺母的拆装作业都要用到开口扳手。

（3）梅花扳手

梅花扳手的工作部分是封闭的环状，使用时对螺栓或螺母的棱角损害程度小，操作也比较安全。但由于梅花扳手比较容易用上力，使用时应注意，切勿用大力操作，以防扭断螺栓。梅花扳手分高桩和矮桩两种，使用时因人因场合而异。

（4）手钳

手钳有尖嘴钳、钢丝钳、可变口钳等多种。在准备手钳时应选择稍大一点的。使用手钳时，应将零件夹紧后再用力，不能用手钳代替扳手来拧动螺栓、螺母，更不能用手钳代替手锤敲击。

（5）套筒扳手

套筒扳手使用方便、灵活，而且安全，使用中螺母的棱角不易被损坏。套筒扳手可以任意组合使用，特别是在使用空间较小的地方，只有使用套筒扳手才能解决，套筒扳手常用的尺寸为 6 ～ 24 mm。

（6）手锤

手锤有铁锤和橡胶锤两种。铁锤用于粗重零件和需要重击的地方，橡胶锤则用于轻击容易损坏的零件，二者的使用应视情况确定。

（7）大口钳

大口钳的开口尺寸在一定范围内可以任意调整，特别适合圆形零件的夹持，在许多情况下，可代替其他工具。

（8）滤清器扳手

这是一种滤清器的专用工具。在更换机油滤清器、柴油滤清器等作业时，

没有这种工具，很难开展工作。

（9）钢丝刷

钢丝刷可以用来清除零件外表的污迹，特别是蓄电池桩头的氧化物。但使用时应注意不要用它碰比较精密的配合面。

（10）扭力扳手

柴油机上重要部位的螺栓，如缸盖螺栓、连杆螺栓和曲轴轴承座螺栓等，其紧固扭矩有具体要求，因此，必须用扭力扳手按力矩要求紧固。

（11）各式螺丝刀

螺丝刀也称“起子”或“改锥”，分为十字形、一字形和梅花形 3 种，另外还有偏置螺丝刀和快速螺丝刀。在准备工具时应将螺丝刀按大小尺寸各准备一只为好。

2. 常用量具

在柴油机的拆装过程中需要对机件尺寸和精度进行必要的测量。正确地使用量具，确保测量精度，是达到技术标准、保证拆装质量的重要条件。

（1）游标卡尺

游标卡尺是一种精密量具。游标卡尺常用来测量零件的内外径、长度、宽度以及深度。测量时要注意到它的精度等级。

（2）千分尺

千分尺又称分厘卡、测微器。按其用途分为内、外径千分尺和深度千分尺，柴油机装拆中经常使用外径千分尺。

（3）百分表

百分表是一种比较量具。该表使用迅速、简单，常用来检验轴颈的圆度误差，轴、杆类零件的变形，零件装配及啮合间隙等。

（4）厚薄规

厚薄规是一种测量两零件装配间隙的定尺寸测量工具，由不同厚度的钢片组合在一起。常用的测量范围是 0.05 ~ 1.2 mm。使用厚薄规时要小心，向被测的零件间隙中插入时切忌硬塞，应选择合适的测量片。当某片插入间隙后拉动厚薄规感到略有摩擦力时，该片厚度即为被测间隙的尺寸。使用中还应注意保持厚薄规表面清洁，不可任意弯曲和摔打。

（二）柴油机的拆卸

1. 拆卸时的注意事项

①拆卸中要严格遵守技术安全操作规程，按照正确的拆卸程序进行。要正确地使用工具。同时要避免做不必要的拆卸，该拆的必须拆，能不拆的则不拆。

②拆卸时应为后面的检修和装配做准备。注意机件之间的位置关系，检查一下有无配合记号，如没记号则需做好安装记号，以防在复装时错位。对活塞、活塞环、连杆、连杆轴承、主轴承等，要尽量保持原来已磨合好的配合关系，注意方向性。

③注意清洁、防尘。拆卸的零件应按部件和精度不同，分别存放，应尽可能按零件的拆装次序和原配的位置关系摆放好。对于成套零件，如轴、齿轮、柱塞副、螺栓、螺母、键、垫片、定位销等应尽可能地按原来的结构套在一起或用铅丝穿起来，以防散失。切勿将零件直接放在地面上，应放在木板或防油胶板、帆布、塑料布上，以防止零件碰擦和因潮湿而生锈。

④对拆开的孔口、管口、吊缸后的气缸上部等，应用木塞、木板或硬纸板封住或盖住，以防异物进入。但切不可用棉纱或破布堵盖。

⑤拆卸紧固件时，应检查是否有定位销、卡簧等，当确认无任何妨碍时再拆。零件需敲打时，必须垫着木块或铜棒等较软的物体。

2. 拆卸的方法和步骤

柴油机具体结构虽不同，但其拆卸的方法和步骤基本相同。一般应先拆除机体各附件，按照由外到内的顺序进行，详细操作步骤如下。

①冷车时放尽柴油机内缸套冷却水，旋开机油盘及滤清器的放油口，放出机油盘及发动机润滑油路中的润滑油。

②将燃油箱的出油开关关紧，拆下油管接头。

③拆卸空气滤清器、进气通道管、喷油泵、输油泵、柴油滤清器、空气压缩机、增压器、发电机、水泵、起动机等附件。

④进、排气歧管、气缸盖及衬垫的拆卸。拆卸时，先拧下缸盖螺母，从两端向中间交叉均匀进行；随后用锤子木柄或木质锤轻击气缸盖四周，使其松动，然后用气缸盖拆卸专用工具将喷油器平稳地从气缸盖上拆下。

对于顶置式气门柴油机，应先拆气门摇臂室罩盖、摇臂机构总成，再拧下气缸盖螺栓或螺母，然后按上述方法拆卸气缸盖。

⑤拆下机油盘及其衬垫，以及机油集滤器，同时拆下机油泵。

⑥活塞、连杆组拆卸。步骤如下：

a. 转动曲轴，使要拆卸的活塞、连杆组的活塞位于下止点，检查活塞顶、连杆大端处有无标记，如没有标记，应按次序在活塞顶、连杆大端上用钢字号码打上缸号标记（连杆标记打在靠喷油孔一侧的基准面上）。

b. 拆下连杆螺母或连杆螺栓，取下连杆端盖承，并按顺序分开安放，以免混淆。

c. 用手将连杆向上推，使其与连杆轴颈分开，再用锤子木柄将活塞连杆组推出气缸。如果气缸口磨成了台肩或有积炭，应先刮平，以便于拆卸。活塞连杆组取出后，应将连杆盖、螺栓和螺母以及衬垫重新装回原位，并按顺序放置，防止弄混。

d. 活塞环的拆卸，可采用活塞环专用装卸钳，依次从活塞上将气环、油环取下。无专用工具时，可用两手的中指保护着活塞环的外围，两手拇指将环口扳开少许，将环取下。顿开时，开口不应扳得过大，以免将其折断。

e. 先检查活塞销顶部标记，将活塞销卡环拆下，用活塞销冲头将活塞销冲出。对于铝活塞，应先在水中加热到 75 ~ 85℃后再冲出活塞销。

⑦气门组拆卸。用专用气门拆装钳压下气门弹簧，取下气门锁片，然后松开气门拆装钳，取出弹簧座、气门弹簧及气门，各气门应按顺序摆放，不得错乱。

⑧拆下起动爪和曲轴带轮，用专用工具将曲轴带轮毂拉出，不允许用锤子或

其他类似工具敲击带轮的边缘，以免产生变形或损坏。

⑨拆下正时齿轮盖及衬垫，检查正时齿轮上的正时标记。如无标记，则应做出相应标记。此时应是第一缸处于压缩行程上止点位置。然后拆下曲轮轴上止推凸缘固定螺栓，平稳地抽出凸轮轴，取出气门挺杆、气门推杆，并拆下喷油管及齿轮底板。

⑩将发动机倒置，拆下曲轴。先撬开曲轴螺栓上的锁片或拆下锁丝，检查轴承盖上有无标记。如果无标记，应按顺序做好标记。拆下固定螺栓，取下轴承盖及衬垫，并按顺序放好。然后拆下曲轴，同时将轴承盖及衬垫装回原处，并将固定螺栓拧紧少许。

⑪将飞轮固定螺栓拧下，然后从曲轴凸缘上拆下飞轮、曲轴后端密封圈及飞轮壳。

至此，柴油机拆卸完成，清理收拾各种工具。

3. 螺栓连接件的拆卸方法

（1）锈死螺母的拆卸

在柴油机解体过程中，经常会碰到一些难拆卸的螺纹连接件。对于这些一时难以拆下的零件，不应轻易采用不适当的方法，如用气焊、扁铲等简单地强行拆除，而应仔细观察分析有无防松装置，螺纹有无损坏或锈死，以及是否采用了焊死、彻死等不适当的方法而导致拆卸困难等。

对于因氧化而锈死的螺母，可采用以下方法拆卸：①将螺母（或螺栓）缓慢拧进1/4圈左右，然后退出，这样反复几次，即可逐渐将其拧松。对于锈蚀零件，通过反复松紧，可改变其锈层受力状况。由于锈蚀零件可承受压力而不能承受拉力，反复紧松结果会使锈层受交变的拉压应力，从而使其与基体金属脱离。②将螺纹锈蚀部位浸入煤油、汽油、润滑油中20 ~ 30 min后，再用扳手拧出，这是因为煤油等具有很强的渗透力，渗透到锈层中可使锈层变松。③用锤子轻击螺母四周，再慢慢用扳手将螺母拧下。

（2）断头螺栓的拆卸

在柴油机解体拆卸中，经常发生螺栓被拧断而留在机体螺孔中，其拆卸方

法通常为：①在断头螺栓上加焊一螺母，将其拧出；②在断头螺栓上钻光孔，再攻反螺纹，然后用反扣螺钉或丝锥将其拧出；③在断头螺栓上钻孔，然后打入多角钢杆（淬火）将其拧出；④利用电火花加工方法，在断头螺栓上打出方孔，再用方形扳手将其拧出；⑤如果断头螺栓为非淬火钢，而且螺纹孔允许扩大，可把整个螺栓钻除，再重新钻孔攻螺纹。

(3) 螺栓（螺钉）组连接件的拆卸

在进行柴油机解体时，如果遇见需拆卸由若干个螺栓（螺钉）连接的部件，除按单个螺栓（螺钉）拆卸的方法外，还必须注意以下几点：①先将螺钉或螺母按规定顺序拧出 1 ~ 2 圈，然后按顺序分别匀称地拆卸下来，以防零件变形、损坏或者力量集中在最后一个螺钉或螺母上，从而产生拆卸困难；②拆卸时，应先将处于难拆部位的螺母（螺钉）首先拧松或拆下，如油底壳后面的螺钉；③拆卸悬臂部件环形周边的螺钉时，最上部的螺钉应最后取出，以免损坏零件或造成安全事故；④仔细观察不易觉察部位的螺栓（螺钉）是否全部拆除，全部拆除后，再用一字螺钉旋具、撬棍等工具将连接件分开。

4. 过盈配合零件的拆卸

拆卸过盈配合零件时，一定要用专用拆卸工具，禁止使用锤子、铁棒敲打强行拆卸。拆卸带轮、齿轮时，应使用拉器。拆卸销、轴、衬套时，要使用专用冲头或铜冲，不能直接敲击。

5. 柴油机零件的清洗和检验分类

柴油机拆卸完工后，应用清洗剂对零件进行清洗，去除其表面的油污、积炭、水垢及锈迹等，为零件的检验分类做好准备。

零件清洗后，采用检视法、测量法和探伤法等，按照维修技术标准要求，将零件分为可用零件、返修零件和报废零件三类。然后把具有修复价值的返修零件修理好，备好需用新零件，为柴油发动机的总装做好准备。

（三）柴油机的装配技术要求

柴油机的装配技术要求主要有以下几个方面。

1. 零件质量要求

①零件尺寸及精度符合技术要求，无缺陷；

②待装零件表面必须干净，零件内部无油腻、积炭和其他脏物。

2. 安装时运动件间的间隙必须符合技术要求

①缸壁与活塞之间的间隙；

②活塞环的开口间隙、端隙、侧隙；

③活塞销与连杆衬套之间的间隙；

④连杆轴承，曲轴主轴承与曲轴之间的间隙；

⑤曲轴的轴向间隙；

⑥凸轮轴与轴承之间的间隙；

⑦正时齿轮之间的间隙；

⑧气门间隙。

3. 连接螺栓紧固力矩必须符合制造厂家的要求

①曲轴主轴承螺栓，连杆螺栓；

②缸盖螺栓；

③飞轮紧固螺栓。

4. 安装顺序和方向的要求（不能互换）

①活塞连杆组的顺序和方向；

②曲轴主轴承盖；

③高压油管；

④气门与气门座圈。

5. 安装正时（同步）的要求

①配气正时；

②喷油正时。

6. 安装密封性的要求

①活塞、活塞环与气缸的密封性；

②气门与气门座圈的密封性；

③进、排气歧管的密封性；

④燃料供给系统高、低压油路的密封性；

⑤润滑系统的密封性；

⑥冷却系统的密封性。

柴油机工作一定时间后需要进行修理，必须经过拆卸才能对失效的零部件进行修复或更换。柴油机的拆卸和装配工作必须按照规定的工艺顺序进行，拆装时需用到大量手动工具、专用工具和仪表、量具，必须熟悉各种工具的使用方法。

（四）柴油机的装配

无论是新组装一台柴油机，还是柴油机大修后组装，都必须按照严格的装配工艺顺序进行，以下从装前准备、工艺原则、装配过程几个方面作详细叙述。

部件（总成）装配和整机装配虽然是两个装配阶段，但在实际操作中却是连续、交叉的，不能截然分开，有时还需重复进行，如曲轴轴承和连杆轴颈的修理与装配等。

柴油发动机的结构形式很多，整机装配程序也不完全一样，装配时必须遵循一定的工艺原则。

1. 柴油机总装前的准备

柴油机的装配精度要求很高，装配前必须认真清洗零件，不得有毛刺、擦伤、积炭和污垢。必须认真清洗所用的工具，保持人员、设备、工作场地的清洁，应仔细检查和彻底清洁气缸体、曲轴上的油道，并用压缩空气吹干。准备必要的专用工具、量具，所有配件、通用件（如紧固件、锁止件、密封件）、摩擦面涂用的新机油、密封胶等用料一次配齐，且规格相符。

2. 柴油机组装的工艺原则

柴油机的总装分为部件的组装和发动机的总装两部分。柴油机总装的原则是：以气缸体为装配的基础，由内向外、按系分段、平行交叉进行。

①待装件经检验，总成经试验，所有零部件必须符合技术标准。

②所有零件、工具、设备必须进行彻底清洗。

③气缸垫、衬垫、开口销、锁片、金属丝等密封件、锁止件必须全部换新。

④不可互换件（如曲轴轴承、凸轮轴轴承、活塞连杆组及配气机构等零件）、配对件（如气缸与活塞、气门与座圈、气缸体与飞轮壳等）、偶件（如柱塞副、喷油器）、配重件等应核对记号，原位装复，不得错乱。

⑤对重要的螺栓、螺母（如主轴承螺栓、连杆螺栓和气缸盖螺栓等）必须按规定的力矩和方法分 2 ~ 3 遍拧紧。

⑥正确使用工具（工具适合、规格相符），尽量使用专用工具，以减少零件的损伤。

⑦各部分螺栓、螺母所有的锁止件应按规定装配齐全、完整、贴切、可靠。

⑧关键部位的配合间隙（如配缸间隙、曲轴轴承间隙、凸轮轴承间隙与轴向间隙、气门间隙和气门座与轴承孔过盈量等）必须符合装配技术标准的规定。

⑨各相对运动表面装合时，必须涂新鲜清洁的润滑油。

⑩各连接和密封部位工作可靠，不松弛，不漏油、水、气、电。

3. 柴油机的装配与调整

柴油机的装配调整质量对柴油机的寿命影响极大，装配步骤随柴油机结构不同也有所差异。以上置凸轮轴顶置气门式柴油发动机为例，其一般装配步骤如下。

（1）安装曲轴

缸体置于发动机翻转架上并倒置，曲轴止推片装于缸体的定位肩台处，将主轴承上片装于各轴承孔内，涂新鲜润滑油。经动平衡的曲轴，装上飞轮（也有一些发动机，必须在安装曲轴后才能装飞轮），放入缸体内。在各轴承盖内装好下轴承，分 2 ~ 3 遍按规定力矩均匀由中间向两端交叉拧紧各主轴承螺栓。每拧一遍主轴承紧固螺栓，都应转动曲轴检查转动阻力。装合后，曲轴的轴向间隙和转动力矩应符合原设计规定。注意各个主轴承盖的顺序和安装方向。

（2）安装活塞连杆组

活塞连杆组是柴油机的最主要的运动部分，各个缸的活塞、连杆总成均要

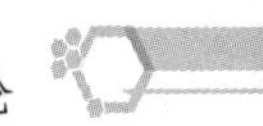

按顺序和安装要求进行安装。

①偏缸检验。安装活塞连杆组前，应进行偏缸检验。方法是：将不装活塞环的活塞连杆组按规定装入气缸和曲轴上。转动曲轴，分别在上、下止点和气缸中部，检查活塞顶部与气缸壁在前后方向的间隙，其差值不得大于 0.1 mm。

若所有气缸的活塞在上、中、下位置均偏于同一侧，是由于镇缸定位不当使气缸垂直度超过规定所致；若个别缸活塞在上、中、下位置均偏于同一侧，是连杆弯曲或活塞销座与轴线的垂直度误差过大所引起；若活塞在上下位置偏向改变，是连杆轴颈圆柱度误差过大所致；若活塞中部偏向变化，是连杆扭曲或连杆轴颈轴线与主轴颈轴线平行度误差过大所致。若所有缸在上、中、下位置偏向变化，是由于曲轴止推片厚度不均；若个别缸在上、中、下位置，销座与连杆小端间隙小于 1 mm，是因为该气缸轴线位置度误差或连杆轴颈的对称平面偏移过大。

②安装活塞环活。塞环装入环槽时，应检查各环在气缸内的开口端隙，活塞环在活塞环槽上的背隙及侧隙，检查活塞环的断面形状及安装方向。镀铬环一般装在第一道活塞环槽上，桶形环一般装于上部。作刮油的扭曲环，其内缺口或倒角朝上，外缺口或倒角朝下；具体要求应按原厂规定，不得随意改变。锥形环的小端朝上（即环的装配标记向上）。

将活塞装入气缸时，应将环的开口错开。第一环的开口不得在侧压力大的右侧。其他环的开口，应分别间隔 90° ~ 180°。组合油环的下刮片与上刮片，若是两片的间隔 180°，若是三片的分别间隔 120°。

③活塞连杆组装入气缸内。装入时，先对运动件表面涂油，注意组件的安装方向。用专用工具箍紧活塞环部位，将组件从上部推入气缸直至连杆轴颈上，按规定标记和方向装好下盖，按规定方法和力矩拧紧。每装好一个组件，应转动曲轴，力矩均匀无阻滞。全部组件装入后，转动力矩应符合原设计规定，活塞顶部在上止点时与气缸体上平面的距离应符合规定。

（3）安装凸轮轴

先将隔圈、止推凸缘和正时齿轮装到凸轮轴上，在轴颈和轴承上涂新鲜机油，再将凸轮轴推入凸轮轴轴承孔中，拧紧止推凸缘的固定螺钉。最后检查凸轮轴的轴向间隙，轴向间隙不符合要求时可用调整止推凸缘与隔圈的厚度差的方法使其符合要求。

（4）安装正时齿轮组

将喷油泵驱动齿轮装入发动机前端齿轮室内，分别转动曲轴正时齿轮、凸轮轴正时齿轮和喷油泵驱动齿轮，使以上 3 个齿轮上的正时标记分别与中间转动齿轮上的 3 个标记对准后固定中间转动齿轮，从而确定发动机的配气正时及喷油正时（对顶置凸轮轴式的柴油发动机、转动曲轴、凸轮轴及喷油泵驱动齿轮，使正时齿轮上的标记与机体的标记或刻线分别对准后，安装正时齿形胶带，从而确定发动机的配气正时及喷油正时）。

（5）安装气门组

将气门、气门弹簧和锁夹等装在缸盖上，锁夹应高出气门弹簧座平面 0.5 mm，两锁夹的接合处应有一定的间隙。

（6）安装气缸盖

将气缸垫光滑的一面向着缸体（缸盖为铸铁件）或缸盖（缸盖为铸铝件），然后装上缸盖。按规定的顺序和力矩分 2 ~ 3 遍均匀拧紧缸盖螺栓。湿式缸套的发动机缸套上平面应高出发动机机体上平面 0.3 ~ 0.5 mm。若太高，紧固缸盖螺栓时，易将缸套压裂；若太低，气缸垫的密封性能下降，发动机易“冲缸床”。

（7）安装气门传动件和调整气门间隙

按顺序先将摇臂轴、摇臂和摇臂座组装成组件，装入挺杆和推杆，再将组件装到缸盖上，最后调整气门间隙。调整气门间隙一般采用“双排不进”法：记下发动机的工作顺序，找出与一号缸同时处于上止点的气缸，转动曲轴至与一号缸同处上止点气缸的排气门开启后又逐渐关闭至进气门动作瞬间，为一号缸在压缩冲程的上止点。这时，可调整间隙的气门是：一号缸的两个气门，一号缸与对应气缸之间气缸的排气门，对应气缸与一号缸之间气缸的进气孔，对应气缸的气门均不可调。调整时，用厚度与间隙值相同的厚薄规，插入气门杆端与摇臂头之间，以感到有阻力而不过紧为宜。不符合要求时，通过调整摇臂上的调节螺钉来

实现。最后，装好气门室盖。

（8）安装喷油泵及供油正时

①转动曲轴，使第一缸活塞处于压缩冲程的上止点；②转动喷油泵凸轮轴使第一缸分油泵处于刚刚开始供油的位置；③向前推入喷油泵（保持曲轴及喷油泵凸轮轴不转动），固定喷油泵连接联轴器。

（9）安装喷油器

安装喷油器，连接喷油泵与喷油器之间的高压油管。

（10）安装机油泵及油底壳。

把机油泵安装到正确位置后，安装油底壳。

（11）安装进、排气歧管

安装进、排气歧管前，应认真清除管内的积炭、油垢和其他污物。装上密封用的进、排气歧管垫片，垫片的光面应朝向缸体。拧紧固定螺栓时，应从中间向两端依次拧紧，保证垫片均匀展平。

（12）安装飞轮壳及离合器

安装飞轮壳前，应在主油道堵头上涂上密封胶并拧紧。装入飞轮壳后，检查壳体后端的变速器（轴承孔及其后端面的径向跳动和端面跳动），其数值应不大于原设计规定。

（13）安装柴油机附件

柴油机附件主要包括发电机、起动机、柴油箱、空气压缩机、水泵、机油粗细滤清器、机油冷却器和空气滤清器等，一般是独立的小部件。安装时应找正其工作位置，用连接件固定，螺栓和螺母的安装力矩必须符合规定，锁止可靠。最后连接好各种电线、油管、气管和水管。图 2–5 是常见柴油机的燃料供给系统，图 2–6 是 6140 型柴油机的润滑油路示意图。

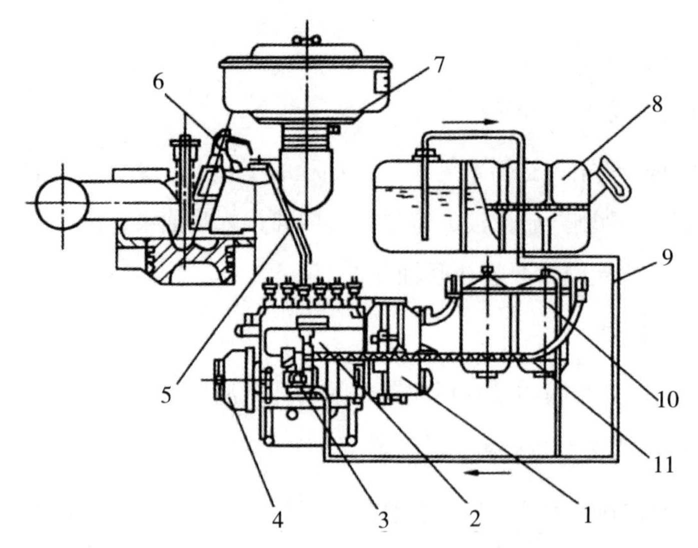

1- 调速器；2- 喷油泵：3- 输油泵；4- 喷油提前调节器；5- 高压油管；6- 喷油器；7- 空气滤清器；8- 柴油箱；9- 输油管；10- 柴油滤清器；11- 低压油管

图 2-5 常见柴油机的燃料供给系统

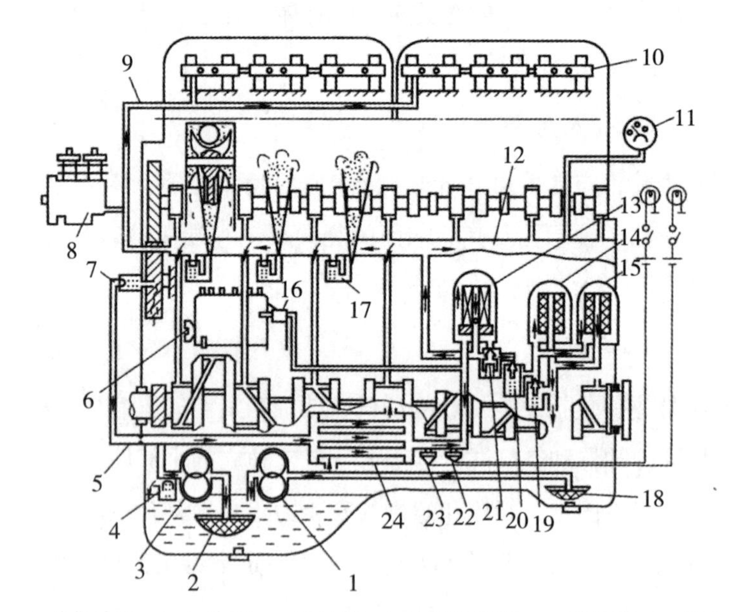

1- 副油泵；2- 前集滤器；3- 主油泵；4- 限油阀；5- 流量限制孔；6- 喷油泵；7- 传动齿轮喷管；8- 空气压缩机；9- 体外油管；10- 摇臂轴；11- 机油压力表；12- 主油道；13- 粗滤器；14、15- 细滤器；16- 机油滤清器；17- 冷却活塞；18- 后集滤器：19- 旁通阀；20- 限压阀；21- 旁通阀；22- 机油温度过高传感器；23- 机油压力过低警告灯传感器；24- 机油散热器

图 2-6 6140 型柴油机润滑油路示意图

四、柴油机装配精度的保证措施及柴油机试验

柴油机的装配是把合格的零件、组合件、总成按一定的技术要求和工艺顺序组装成完整的发动机。待装零部件的质量、装配技术精度的高低、组装后柴油机的空载磨合等，都是影响发动机装配质量的重要因素，在装配的过程中务必认真做好。组装后按要求磨合完的柴油机应进行质量检验，即柴油机试验。

（一）柴油机装配精度的保证措施

为了提高柴油机的装配精度，在装配时应做好下列工作。

1. 柴油机装配前的准备工作

①柴油机装配前必须认真清洗待装零部件和装配用工具，保持装配场所的清洁。

②待装零件、组合件、总成准备齐全。

③工作台、机具应摆放有序，并按规定配齐衬垫、螺栓、螺母、垫圈、开口销和锁环，准备好需要的机油、润滑油脂和密封胶。

2. 柴油机装配时的原则和要求

①柴油机装配一般以气缸体为基础，由内到外、先上后下分别进行。

②装配过程中，应尽量使用专用工具。

③有装配记号的零件必须按记号装配，不可互换的零件确保不互换。

④间隙配合的零件表面，在装配时必须涂上润滑油。

⑤过盈配合零件装配时，应使用压床或专用的压入工具。如需在零件表面施以压力或锤击时，必须垫以软金属块或使用铜手锤、橡胶锤。

⑥各部位的密封衬垫和油封在装配时必须换用新件。

⑦拧紧螺栓、螺母时，应使用合适的扳手按一定顺序和力矩拧紧，对称的螺栓在旋紧时应交错分 2 ~ 3 次进行。螺栓在螺母旋紧后应露出 1 ~ 3 牙。对有规定力矩的螺栓、螺母，应使用扭力扳手按规定力矩拧紧。

⑧各锁止装置按规定要安装牢固，工作牢靠。

（二）柴油机的试验

柴油机组装完后需进行磨合，磨合是指在柴油发动机总成或机构组装后，改善零件摩擦表面几何形状和表面层物理机械性能的运转过程。它是摩擦表面在正式工作前进行的一次受控性磨损，主要是以最小的磨损量和最短的磨合时间，逐步达到正常工作条件下要求的配合表面，即较小表面粗糙度和较大接触面积，以防止零件的早期损坏。通过磨合还可检查发动机零件的加工修理质量和装配质量，达到延长发动机使用寿命的目的。柴油机磨合，根据其转速的高低和负荷的大小可分为冷磨合、无荷热磨合和负荷热磨合。磨合规范是指在磨合时对转速、负荷和所用润滑油和时间等的给定条件。

1. 柴油机经过磨合后，确认无异常现象，一般需进行一些调试

①柴油机怠速（柴油机在没有负荷且完全放松油门踏板状态下的转速）的调试；

②柴油机供油正时的调试；

③柴油机气门间隙的调试；

④柴油机机油压力的调试。

2. 调试完后应进行质量验收，包括拆检主要机件和整机验收

①拆检活塞，检查接触面是否正常，有无拉毛、起槽等现象；

②拆检气缸，查看有无拉毛、起槽等现象；

③活塞环接触面不小于 90%，开口间隙不大于原间隙的 125%；

④主轴承和连杆轴承接触面会比磨合前有所增加，但无起槽和烧结等现象；

⑤气缸衬垫无漏水、漏气现象；

⑥气缸压力和机油压力符合规定；

⑦能以一个人的力量摇动手柄来启动柴油机；

⑧柴油机在任何转速下均能稳定动转，无过热现象；

⑨柴油机怠速转速符合规定并运转稳定；

⑩柴油机最大功率和最大转矩不得低于设计标准的 90%，油耗不得高于设计规定值；

⑪ 柴油机在各种转速下运转，当转速改变时过渡圆滑，突然加、减速不得有回火、放炮现象；

⑫ 整机无漏水、漏气、漏油、漏电现象，排放符合国家标准。

达到上述检验要求的，说明该柴油机装配完好，基本可以投入使用。

五、柴油机的使用、维护及保养

（一）柴油机使用注意事项

钻机用柴油机工作环境比较特殊，对它的使用有很多要求，尤其在北方冬季气温很低，工作条件就更加恶劣，因此，在柴油机的使用中应该注意如下事项：

1. 切勿放水过早或不放冷却水

熄火前以怠速运转，待冷却水温度降至60℃以下，水不烫手，再熄火放水。若过早放掉冷却水，机体在温度较高时突然受冷空气侵袭会产生骤缩，出现裂纹。放水时应将机体内残存的水彻底排出，以免其结冰膨胀，使机体胀裂。

2. 不要随便选用燃油

冬季低温使柴油的流动性变差，黏度增大，不易喷散，造成雾化不良，燃烧恶化，导致柴油机的动力性能和经济性能下降。故冬季应选用凝点低和发火性能好的轻柴油。一般要求柴油机的凝点低于本地当前季节最低气温 7 ~ 10℃。

3. 禁止用明火助燃启动

不能把空气滤清器取下，用棉纱蘸上柴油点燃后做成引火物置于进气管内实行助燃启动。这样在启动过程中，外界的含尘空气就会不经过滤而直接吸入气缸内，造成活塞、气缸等零件的异常磨损，还会造成柴油机工作粗暴，损害机器。

4. 不要用明火烘烤油底壳

若用明火烘烤油底壳，会使油底壳内的机油变质，甚至烧焦，润滑性能降低或完全丧失，从而加剧机器磨损。冬季应选用低凝点的机油，启动时可采用机外水浴加温的方法来提高机油温度。

5. 用正确的方法启动柴油机

冬季，有的操作人员为快速启动柴油机，常采用无水启动（先启动，后加冷却水）的非正常启动方法，这种做法会对机器造成严重损害，应禁止使用。正确的预热方法是：先将保温棉被罩在水箱上，打开放水阀，向水箱内连续注入60 ~ 70℃的清洁软水，用手触摸放水阀流出的水有烫手感觉时，再关闭放水阀，并摇转曲轴，使各运动件得到适当预先润滑，再行启动。

6. 切忌低温负荷作业

柴油机启动着火后，有些操作人员便迫不及待地投入负荷作业。着火不久的柴油机，由于机体温度低，机油黏度大，机油不易充入运动副的摩擦表面，会引起机器严重磨损。另外，柱塞弹簧、气门弹簧和喷油器弹簧由于“冷脆”也容易断裂。故冬季柴油机启动着火后，应以低中速空转几分钟，等冷却水温度达到60℃时，再投入负荷作业。

7. 注意机体保温

冬季气温低，容易使柴油机工作时冷却过度，故保温是冬季用好柴油机的关键。在北方地区，冬天使用的柴油机都应配备保温套和保温帘等防寒设备。

8. 忌柴油机长期不用不保养

柴油机长期不用时，应拆下油嘴，向气缸内注入适量机油，再将油嘴装上，然后摇转曲轴几圈，使活塞在气缸内往复几次，注入的机油就会涂在气缸表面，防止气缸锈蚀。同时进排气门应处在关闭状态防止灰尘进入气缸，气门弹簧应处在自由位置防止长期受压失去弹性。

另外，节温器对柴油机工作时的升温起着重要作用，故入冬前应检查节温器的工作是否正常，失效的节温器应及时更换。

（二）柴油机的日常维护保养

柴油机作为石油钻机的动力源，其工作性能的好坏，直接影响到钻机运行的经济性能和动力性能，对其进行日常维护也是非常重要的。

1. 检查柴油机各部分连接的紧固情况

经常检查柴油机机架螺丝及各部分连接的紧固情况，当发现柴油机有摆振不稳现象时，要特别注意柴油机安装垫及固定螺栓的紧固情况，发现松动及时紧固。

2. 检查冷却系统

①随时检查冷却水量，不足时添加清洁的雨水或河水。柴油机热车时不能直接打开水箱盖以免热气冲出烫伤人；冷却水不能用井水和泉水；冷却水烧干过热时应待柴油机降温后再加入冷却水。

②检查风扇皮带的松紧度（以大拇指按压皮带 10 ~ 15 mm 挠度为宜）。

③查看水箱、水泵、水管等处是否有漏水现象。

④清除散热器外表泥巴及杂物。

3. 检查机油平面及机油质量

①检查机油平面，要将柴油机的机座安装成水平位置，柴油机熄火后等待 5 min 再检查。机油平面一般要保持在中刻线与上刻线之间（即 1/2 以上），当机油平面低于下刻线时严禁启动柴油机。不足时要添加同牌号机油；对变质的机油要及时更换。

②查看油底壳、罩盖等处有无机油渗漏。

③热车时应查验机油质量（方法是用油尺滴在手指上看胶质成分、擦捏黏度情况、是否呈水样）。

4. 运转后的检查

①观察烟色是否正常。正常的排气烟色应为无色或淡灰色；冒蓝烟是烧机油引起的，冒黑烟是柴油燃烧不完全引起的，冒淡白烟是水参与燃烧引起的，冒浓白烟是柴油未经燃烧排出而引起的。

②听声响。柴油机必须运转平稳，不得有异响。柴油机中低速时有轻柔的气门脚响是正常的，当听到尖锐的“嗒嗒”的气门脚响则说明间隙过大，应及时调整；不得有沉闷的主轴瓦响和较清脆的连杆瓦响；热车时在中、低速有轻微的敲缸声是正常的，没有敲缸声说明供油过迟，敲缸声过大或者在高速时仍明显，可能是

供油过早或活塞与缸套间隙过大；排气管不得有“突突”的放炮声。

③柴油机必须运转平顺，如果柴油机发抖、转速异常均要及时排除故障。

④试油门以判定柴油机的工作情况。慢加速时柴油机转速应能均匀上升，不得有迟钝及柴油机发抖的现象；急加速时，柴油机转速应能迅速上升，伴有轻微的敲缸声且排气管声音正常。

⑤注意柴油机的工作温度，过热和过冷都不利于柴油机的正常工作。

⑥查看柴油机漏水、漏油等情况。

⑦要注意各仪表指示是否正常，特别是机油表。

5. 检查空气滤清器

应定时检查空气滤清器并及时清洁。

第三节　压缩机

一、压缩机的类型及应用

（一）压缩机的分类

根据工作原理，压缩机可分为容积式压缩机和动力式压缩机两大类。其中容积式压缩机又可分成往复式压缩机和回转式压缩机；动力式压缩机又可分成透平式压缩机和引射器。

（二）压缩机的基本知识

从能量转换的角度，压缩机是把机械能转换为气体的动能和压能的流体机械。压缩机广泛用于石油开采、石油化工、热能工程、车辆工程等领域。

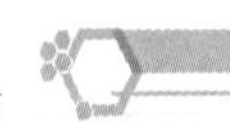

1. 容积式压缩机

容积式压缩机是指通过机构的作用，使气缸工作容积周期性地变化，气体顺序地吸入和排出气缸，以提高气体压力的压缩机。

①往复式压缩机：依靠气缸内活塞的往复运动压缩气体，实现对气体增压的一种容积式压缩机。

②回转式压缩机：依靠机内转子回转时产生容积变化而使气体压缩的一种容积式压缩机。

2. 动力式压缩机

动力式压缩机是指随着气体连续地由入口流向出口，将其动能转换为压能来提高气体压力的一种压缩机。

①透平式压缩机：通过叶轮回转过程中气体与叶片的相互作用，提高气体动能并将动能转变成压能的动力式压缩机。

②引射器：可归属于动力式，但它实际没有叶轮，依靠辅助流体介质的能量来输送和增压另一种流体介质。

（三）压缩机在油田中的应用

1. 用于各种油田工程中

①气举法采油和二次采油。此工艺过程中，用高压压缩机将天然气从地面注入井底，注入的高压气体与油层产出流体在井筒中混合，利用气体的膨胀使井筒中的混合液密度降低，从而将井筒内流体举出。

②油田气集输。广泛采用中压以下往复式压缩机或离心式压缩机对要输送的油田气加压。

③在油田各种留线的试压、扫线作业中，常使用中压以上的车装往复式压缩机。

④轻烃回收、加气站、天然气化工会大量应用压缩机械。

2. 用作气控制的动力源

如钻机的气控制，抽油机的气动平衡装置，各类车辆、机床及仪表自动化装置等的气源，均采用压缩机。

值得注意的是，用于压缩石油气体的压缩机必须适应石油气体的一些特性，这决定了用于石油气体的压缩机与一般的空气压缩机有着许多不同之处。比如，石油气体达到一定的温度和压力时会液化，而压缩机的气缸中一旦出现液体，就会明显加剧压缩机的振动和冲击，产生很大的危害，所以，用于石油气体的压缩机，其气缸和中间冷却段必须设有放液装置，以便在使用过程中定期放液。另外，石油气体液化后会稀释润滑油，造成气缸磨损加快，故用于石油气体的压缩机宜采用无油润滑类型。

二、活塞式压缩机

在石油矿场中，应用最多的压缩机是活塞式压缩机，主要用于中、小流量而压力较高的场合。其特点是：

①适应性广，适用的排量范围和压力范围较广，工作压力可达 350 MPa。

②功率消耗较其他型式压缩机低，故热效率较高。

③因往复惯性力大，转速不能太高。

④结构复杂、笨重，且易损件多，不便维修。

⑤排气不连续，会导致气流压力出现脉动。

（一）活塞式压缩机的构造及工作原理

1. 活塞式压缩机的分类

①按气缸在空间的位置分类，可分为立式、卧式、角式三类。

②按传动机构的特点分类，可分为有十字头的和无十字头的两种。

③按冷却方式的不同分类，可分为风冷式和水冷式。

④按安装方式的不同分类，可分为固定式和移动式。

2. 立式、卧式和角式三类压缩机的结构及特点

①立式压缩机的气缸铅垂布置。主要用于中小排量与级数不太多的机型，

某些小型立式压缩机通常无十字头。

②卧式压缩机的气缸水平布置，又可分成：

a. 一般卧式。多用于小型高压压缩机，其特点是气缸都在曲轴的一侧。

b. 对称平衡型。适用于大型压缩机，其特点是气缸分布在曲轴两侧，相对于两列气缸的曲拐错角为 180°。其中，电动机位于机身一侧者称为 M 形，而电动机位于两列机身之间者称为 H 形。

③角式压缩机的特点是在同一曲拐上装有几个连杆，与每个连杆相应的气缸中心线间具有一定的夹角。其包括 V 形、W 形、L 形。

3. 单级活塞式压缩机工作原理及构造

以单级风冷式活塞压缩机为例说明。

（1）工作原理

曲轴由原动机驱动经皮带轮带动旋转，通过连杆带动活塞在气缸内作往复运动。当活塞向下运动时，排气阀关闭，气缸内压力降到一定程度时，外界气体经空气滤清器和进气阀被吸入气缸，活塞到达下止点时进气过程结束。当活塞由下止点向上运动时进气阀关闭，排气阀也关闭，气缸内的气体被压缩，直到压力升高到超过排气阀弹簧压力时，排气阀才被推开，压缩气体进入储气筒，此即排气过程。当活塞到达上止点时排气结束，继而重复进气过程。如此循环，使压缩气体不断进入储气筒。

（2）构造

活塞式压缩机主要由传动机构、工作部件及机体构成。此外还有润滑、冷却、调节等辅助系统。单级风冷式活塞压缩机的传动机构是由曲轴、连杆、活塞和气缸组成的曲柄滑块机构。曲轴由电机（使用电源方便的场合）、汽油机或柴油机通过 V 带传动驱动。工作部件包括气缸、进气阀和排气阀、活塞组件及填料等。下面简要介绍压缩机的主要零部件。

①曲轴：压缩机的曲轴与内燃机曲轴结构相似，其毛坯一般为锻件。

②活塞：活塞由头部、顶部和裙部三部分组成。主体的材料一般为铸造铝合金。靠近顶部的 2 ~ 3 道活塞环为密封环，其各环切口交叉错开，保证压缩气体

不从密封环开口漏出；下面的一道为刮油环，使从缸壁上刮下来的多余润滑油经油环槽内小孔流回曲轴箱。活塞裙部用来引导活塞在气缸内运动。活塞销将活塞与连杆连接起来。

（3）气缸

气缸是活塞式压缩机形成压缩容积的主要部件，包括缸体和缸盖。

气缸在缸体和缸盖上均铸有散热片。风冷式压气机工作时温度较高，且温度随排气压力的升高而升高，因此适用于小型压缩机；此外，气缸还有水冷却方式，即在气缸内铸有冷却水套，冷却效果好，适用于大中型压缩机。缸盖是封闭缸体端面的零件，也是安装进排气阀的基础零件。缸体和缸盖用螺栓紧固。进气阀和排气阀是控制气缸的吸气和排气过程的部件。目前压缩机一般采用随管路压力变化而自行开闭的自动阀。

（4）润滑

润滑主要用于有相对运动的部位，如活塞环与缸体、轴颈与轴瓦、阀体与阀片之间，其主要目的是减小摩擦、降低磨损、散热及防锈等。小型压缩机多用飞溅润滑，它靠装在连杆下端的甩油环或甩油杆将机体内的润滑油甩到气缸和运动机构的相应部位。大中型压缩机适合用压力润滑，润滑油由一个专用的机油泵输送到各个需润滑的部位。压力润滑的效果优于飞溅润滑。

4. 多级往复式压缩机工作原理及结构

多级压缩机是把气体的压缩过程分为两个或两个以上的阶段，在几个串联的气缸里逐次进行压缩，使压力逐渐上升，以获取较高压力的压缩气体。气体首先经气体滤清器过滤后，在第一级低压气缸里压缩，压力由进气压力 p_1 升高至出气压力 p_2 再进入级间冷却器内，经冷却器的冷却水充分冷却后，恢复到最初进入低压气缸时的温度，随后气体被送入第二级高压气缸内继续压缩到最后所需的压力 p_3。显然，低压气缸和高压气缸是在不同的压力范围内工作的，相应气体的容积相差也很大，所以高压气缸的直径总要比低压气缸小。

从结构上看，相比单级压缩机而言，多级压缩机除了更多的气缸及配套的传动机构，主要增加了级间冷却器。

（二）活塞式压缩机的功率与效率

1. 功率

（1）指示功率

单位时间内直接消耗于压缩气体的功，用 N_i 表示。

（2）摩擦功率

单位时间内用于克服机械摩擦的功，用 ΔN_m 表示。

（3）轴功率

曲轴的输入功率，等于指示功率与摩擦功率之和，用 N_{ax} 表示。

2. 效率

（1）机械效率

摩擦功率与轴功率之比，用 η_m 表示。即

$$\eta_m = \frac{N_i}{N_{ax}} \tag{2-7}$$

（2）热效率

热效率是反映压缩机经济性能的指标。因为气体的压缩过程有等温压缩与绝热压缩不同的形式，热效率也就有等温效率和绝热效率之分。等温压缩的特点是压缩气体时产生的热量都被及时带走，维持气体温度不变。而绝热压缩过程中，气体本身不与外界进行任何热交换。

①等温指示效率与等温轴效率。等温指示效率 η_{i-is} 是压缩机理论等温循环指示功率 N_{i-is} 与实际循环指示功率 N_i 之比。等温轴效率 η_{is} 是指理论等温循环指示功率 N_{i-is} 与轴功率 N_{ax} 之比。即

$$\eta_{i-is} = \frac{N_{i-is}}{N_i}$$

$$\eta_{is} = \frac{N_{i-is}}{N_{ax}} \tag{2-8}$$

等温指示效率是对实际循环中热交换以及吸、排气过程阻力损失程度的反

映，常用来评价水冷式压缩机的经济性能。

②绝热指示效率与绝热轴效率。绝热指示效率η_{i-ad}是压缩机理论绝热循环指示功率N_{i-ad}与实际循环指示功率N_i之比。绝热轴效率η_{ad}是指理论绝热循环指示功率N_{i-ad}与轴功率N_{ax}之比。即

$$\eta_{i-ad}=\frac{N_{i-ad}}{N_i}$$

$$\eta_{ad}=\frac{N_{i-ad}}{N_{ax}} \tag{2-9}$$

绝热效率较好地反映了压缩机吸、排气过程阻力损失的影响程度，但不能直接反映压缩机功率指标的先进性。

3. 比功率

比功率是压缩机单位排气量所消耗的功率。比功率常用于比较同类型压缩机在相同的吸、排气条件下的经济性。

（三）活塞式压缩机的操作与调节

1. 操作

压缩机的开启、工作和停机过程涉及一系列操作，主要包括以下几方面：

①在生产中，随时检查压缩机的排量、压力、温度等，必要时及时调整操作，确保压缩机在正常工况下运行。

②防止水击事故操作。气体压缩过程中可能会产生液化而在气缸中积存液体，气体通过中间冷却器、气水分离器、储气筒等也可能给气缸带入液体，在压力作用下，这些液体可能引起水击，损坏气缸甚至传动件。因此，要定期检查并排除气缸中的积液。

③冷却和润滑操作。冷却操作要确保足够的冷却风量或冷却水量，并控制冷却器的水温，以使压缩机充分地冷却。

压缩机开启前，先要打开所有注油器的润滑系统。满足机件润滑后，再将冷却水注入气缸套和中间冷却器中。若开动压缩机时忘记了开冷却水，则应把压缩机停下来，使其自然冷却后，再开冷却水，然后重新启动。否则，可能造成气

缸裂缝等事故。

2. 排气量的调节

压缩机的工况往往是变化的，即压缩机工作时，气体的需要量和进、排气压力是变化的。为了与生产工况相适应，需要对压缩机的排气量进行调节。

概括起来，压缩机排量的调节方法可分成间断调节、分级调节和连续调节 3 种。具体表现形式有：

（1）改变转速

通过改变压缩机的转速来达到改变排量的目的。该法适用于易实现变速操作的直流电动机或内燃机驱动的压缩机，且用起来经济简单，但不适用于变速操作困难的交流电动机驱动的压缩机。另外，因为原动机在低于额定转速下工作时效率会降低，所以，该法的调速范围有限。

（2）间断停车

当压缩机输出气体的储气罐中压力升至高限值时，可以停止发动机的运转，或通过离合器操作，使发动机空转，压缩机停转。当储气罐的压力降至低限值时，再重新启动压缩机组工作。

（3）旁路调节

将压缩机排出的气体全部或部分地引回一级入口，前者称为自由连通，后者叫作节流连通。

自由连通实际不输出气体，压缩机空转，常用于大排气量、高压压缩机的启动工况。

节流连通即对排出气体实施节流，使部分气体进入吸入口，其余正常排出。显然，被引回的那部分气体的压缩功损失了，所以，尽管该法操作方便，但不够经济，常用于短期非经常性的调节。

（4）打开吸气阀

在全部或部分排气行程中强制打开吸气阀，使缸内的气体流回吸气管，以调节压缩机的排气量。此方法可使排量在 0 ~ 100% 范围内均匀调节。

在大型压缩机启动时为了卸载，往往在排气行程中完全打开吸气阀。一般通过改变吸气阀调节装置中弹簧力的大小，可以决定排气行程中吸气阀开启的时间长度。

(5) 增大余隙容积

通过补充余隙容积调节装置增大余隙容积，减少吸气量，从而达到调节排气量的目的。该调节方法无功率损失，经济可靠，多用于大型压缩机排量的调节。

三、透平式压缩机

根据气流的方向，透平式压缩机分为径流式（离心式）和轴流式两种。按排出气体压力的大小，又可分为通风机（排出压力低于 11.27×10^4 Pa），鼓风机（排出压力在（11.27 ~ 34.3）$\times 10^4$ Pa 范围内）和压缩机（排出压力高于 34.3×10^4 Pa）。

（一）径流式压缩机

1. 结构

以 DA120-62 离心式压缩机为例。在结构上，压缩机主要由两大部分组成：

①转动部分（即转子）由主轴、叶轮、平衡盘、推力盘、联轴器和卡环组成，是压缩机的最主要部件。

②固定部分（即定子）包括扩压器、弯道、回流器、蜗壳、轴端密封、隔板密封、轮盖密封、支撑轴承、止推轴承、隔板和回流器导向叶片等。

此外，还有一些辅助设备和系统，如油路系统、自动控制及保安系统等。

2. 工作原理

气体的压缩过程：气体由吸气室吸入，通过叶轮将机械能传给气体后，压力、温度、速度都提高，然后进入扩压器，随扩压器通流面积的逐步增加，气流速度逐渐减慢，气体压力提高，将气体的动能转变为压能，再经弯道和回流器，使气流以一定的方向均匀地进入下一级叶轮。回流器中一般装有导流叶片。气

体经一、二、三级压缩后，进入蜗壳，蜗壳的通流面积一般逐渐增大，可以起到扩压作用。经蜗壳气体被引出至中间冷却器，冷却后再进入四、五、六级继续压缩，最后由排出管输出。

上述过程中，气体从气缸中间经蜗壳排出，到缸外进行冷却后，再回到气缸内继续被压缩，即经过二段压缩。若压缩机气缸只有一个进气口和排气口，就是一段压缩。复杂的压缩机往往有多个压缩段。其中，每段进口处的级为首级，每段出口处的级为末级，末级一般没有弯道和回流器，代之以排气室。一个压缩段可以只有一个级，更常见的是多级。

3. 特点

与活塞式压缩机相比，径流式压缩机具有以下特点：

（1）优点

①流量大。因为气体通流面积较大，叶轮转速很高，气体流速快，所以流量大，有的压缩机进气量可达 6000 m^3/min。

②与同一流量的活塞式压缩机相比，结构紧凑，体积小、质量轻。

③易损件少，维修简单，运转可靠。

④排气均匀，气体纯净，且输送的气体不与润滑系统的润滑油接触，因此气体可以绝对不带油。

（2）缺点

①单级压力比不高。

②不适用于气量太小和压力比过高的场合。

③气流速度大，能量损失较大，效率一般低于活塞式压缩机。

④转速高、功率大，发生事故时破坏性较大。

（二）轴流式压缩机

1. 结构

以 3250-46 轴流式压缩机为例。

与离心式压缩机类似，轴流式压缩机在结构上主要包括转子和定子两部分，其他还有密封、支撑轴承、止推轴承等部件以及有关辅助设备和系统。

转子主要由转毂和与之固连的动叶组成，是压缩机对气体作功的主要元件，主要作用是提高气体的动能。导流器（静叶）是与动叶间隔布置并均匀装在气缸上的一组叶片，主要作用是将从动叶出来的气体的动能转换成压能，并保证气流按一定的方向和速度进入下一列动叶。每一列动叶与其后的静叶组合成压缩机的一级，该压缩机共有 9 级。

2. 工作原理

气体的压缩过程是：气体从进气管进入，经收敛器获得均匀的速度场和压力场后，再经进气导流器引导，以一定的速度与方向进入第一级动叶。连续经过级压缩并获得一定压能的气体，通过出口导流器变成轴向流动，再通过扩压器使气流均匀减速，进一步提高压力后进入排气管。

（三）透平式压缩机的主要性能参数

1. 流量

流量分为质量流量和容积流量。质量流量多用于运输式压缩机，常用单位为 kg/s。容积流量多用于固定式压缩机，主要指的是进气容积流量，常用单位为 m^3/min。

在空气分离、石油、化工等部门用的压缩机中常用标准状态下的容积流量，即标准容积流量，单位是 m^3/h（N）。标准状态（N）是指一般规定压力和温度分别为 1.01325×10^5 Pa 和 273K 的气体状态。

2. 排气压力和压力比

工业透平式压缩机的铭牌上一般标示排气压力，而一些运输式压缩机的铭牌上一般标示压力比（简称压比），压力比 ξ_c 为排气绝对压力 p_d 与进气绝对压力 p_a 的比值。

3. 转速

压缩机转子旋转速度，单位为 r/min。

4. 功率

包括压缩机的轴功率和原动机的功率等，单位为 kW。

5. 效率

除效率外，上述参数都标在压缩机铭牌上，同时注明其进气条件（压力、温度、相对湿度）和气体介质。

（四）透平式压缩机的调节

一般情况下，管网的流量或压力是变化的，为了与这一变化相适应，压缩机在运行时，需要对排气压力和流量进行调节。透平式压缩机通常采用的调节方法有 3 种：节流调节、变转速调节和变压缩机元件调节。

1. 节流调节

主要用于转速恒定的交流电动机驱动的压缩机。

（1）排气节流调节

通过操作装在压缩机排气管上的节流阀，控制流量和管网压力。这种调节方法简单易行，但由于节流阀装在管网内，该调节方式改变了管网的阻力特性，带来附加的节流损失，是不经济的。一般只用于小型鼓风机和通风机，较少用于压缩机。

（2）进气节流调节

通过控制装在压缩机进气管线上的节流阀，实现进气节流调节。该方式同样带来附加的节流损失，但比排气节流损失小，因此，采用进气节流调节比排气节流调节要经济。

2. 变转速调节

变转速调节就是通过改变转速来适应管网的要求。因为它没有附加的节流损失，变转速调节比节流调节更经济。对汽轮机、燃气轮机和变频电机驱动的压缩机，因变速方便，这类原动机驱动的大型压缩机的应用更广。

3. 变压缩机元件调节

通过改变压缩机某些元件的结构来改变压缩机的特性。离心式压缩机常采用可转动进口导叶和可调叶片扩压器。轴流式压缩机常采用可调静叶，它和离心式压缩机可调进口导叶的原理是一样的。

四、回转式压缩机

主要介绍回转式压缩机中的螺杆式压缩机和滑片压缩机。

（一）螺杆式压缩机

1. 基本结构

螺杆式压缩机的主要零部件有阳螺杆、阴螺杆、机体、轴承、同步齿轮以及密封组件等。其中，在节圆外具有凸齿的螺杆称为阳螺杆；在节圆内具有凹齿的螺杆称为阴螺杆。一般情况下，动力经阳螺杆输入，由阳螺杆和阴螺杆直接啮合传动或经同步齿轮传动来带动阴螺杆旋转。利用阳、阴螺杆共轭齿对的相互啮合，使封闭在壳体与两端盖间的齿间容积大小发生周期性变化，并通过壳体上呈对角线布置的吸、排气孔口，完成对气体的吸入、压缩与排出。

2. 工作原理

螺杆式压缩机阴、阳螺杆每对相啮合的齿从开始进入啮合到脱离啮合，其齿间容积经历从无到有，由小到大，再由大到小，从有到无，与吸气、压缩和排气 3 个过程相对应。并且，各对相互啮合的齿也相继地完成同样的工作循环。下面以一对齿的啮合过程来说明压缩机的工作过程。

（1）吸气过程

图 2–7（a）为吸气过程即将开始时的转子位置。阳转子逆时针旋转，阴转子顺时针旋转。此时，图中用箭头标示的这一对齿前端的型线完全啮合，且即将与吸气孔口连通。

随着转子的转动，这对齿从图示的一端逐渐脱离啮合而形成的齿间容积不断扩大，气体会在压差作用下逐渐进入其中，图 2–7（b）中阴影部分为已填充气体的齿间容积。在随后的转子旋转过程中，阳转子的凸齿不断从阴转子的齿槽中脱离出来，齿间容积不断扩大，并与吸气孔口保持连通。直到图 2–7（c）所示，气体已进入的齿间容积达到最大值，此时，该齿间容积在此位置与吸气孔口断开，吸气过程结束。

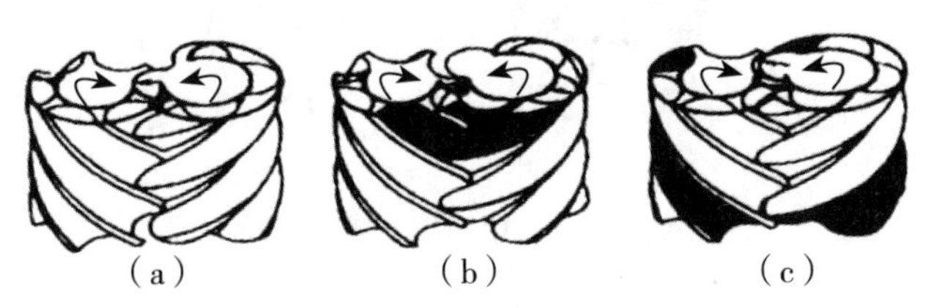
（a）　（b）　（c）

图 2-7 螺杆式压缩机的吸气过程

（2）压缩过程

图 2–8（a）所示为压缩过程即将开始时的转子位置，是从排气孔口一侧观察得到的，阳转子顺时针方向旋转，阴转子逆时针方向旋转。此时，与吸气过程结束时所对应的最大齿间容积开始减小。

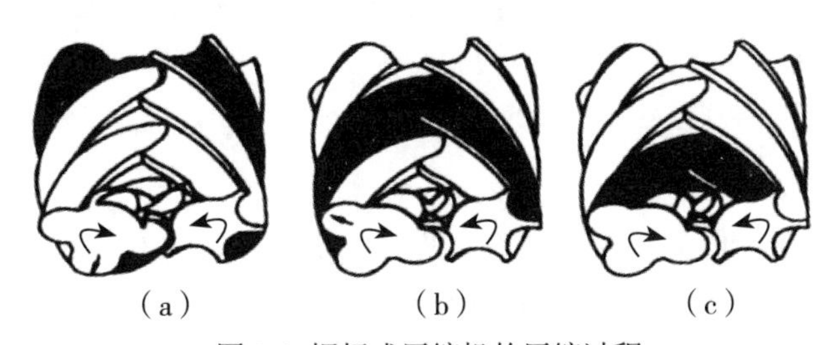
（a）　（b）　（c）

图 2-8 螺杆式压缩机的压缩过程

随着转子的转动，该齿间容积不断减小。被密封在该齿间容积中的气体的体积也随之减小，其压力逐渐升高，如图 2–8（b）所示。该压缩过程一直持续到齿间容积即将与排气孔口连通，压缩过程结束，如图 2–8（c）所示。

（3）排气过程

齿间容积与排气孔口连通后，即开始排气过程。随着转子的转动，经过压缩的气体通过排气孔口不断排出，齿间容积也不断缩小，如图 2–9（a）所示。这个过程一直持续到该对齿末端的型线完全啮合，封闭的齿间容积的体积变为零，排气过程结束，如图 2–9（b）所示。

随着螺杆的继续回转，上述过程循环进行。

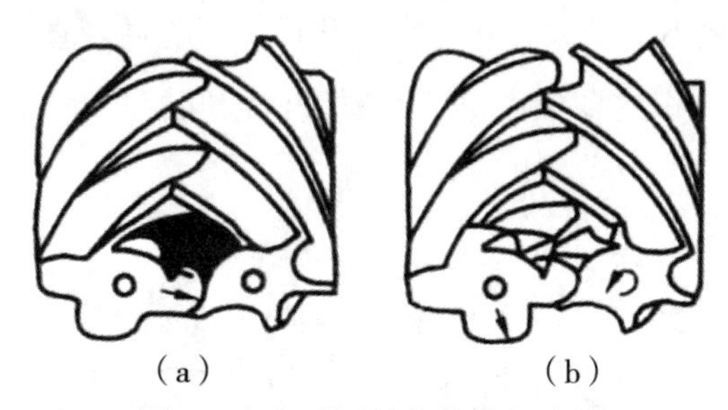

（a）　　　　　　　　（b）

图 2-9 螺杆式压缩机的排气过程

3. 类型

按运行方式的不同，螺杆式压缩机可分为无油（干式）和喷油两类。

①无油（干式）螺杆式压缩机：螺杆之间存在着一定的间隙，利用同步齿轮来传递运动、传输动力。

②喷油螺杆式压缩机：借助喷入机体的大量润滑油来润滑、密封、冷却和降低噪声。通过一对螺杆相互啮合传递运动，不设同步齿轮，结构更为简单。

4. 特点

（1）优点

①零部件和易损件少，操作维护方便，可靠性高。

②几乎没有不平衡惯性力，动力平衡性好。

③螺杆压缩机具有强制输气的特点，即排气量几乎不受排气压力的影响；可以压送含液气体及粉尘气体；单位排气量的机器体积、质量、占地面积以及排气脉动远比往复式压缩机小；在较大的工况范围内能保持较高的效率；没有往复运动零部件，可以实现无基础运转，因此其适应性强。

（2）不足

①因为转子齿面是一空间曲面，加工精度要求较高，所以螺杆式压缩机的造价较高。

②受到转子刚度等方面的限制，螺杆式压缩机不能用于高压场合，排气压

力一般不能超过 4.5 MPa。

③易产生很强的中、高频噪声，需采取消音、减噪措施。

（二）滑片压缩机

1. 类型

根据滑片安装位置的不同，滑片压缩机可分为固定滑（叶）片压缩机和旋转滑（叶）片压缩机。

固定滑（叶）片压缩机，转子作旋转运动，滑片往复移动。固定滑（叶）片压缩机还有滑片作摆动的结构型式。

旋转滑（叶）片压缩机，转子作旋转运动，滑片跟随转子转动的同时，还有往复运动，转子与缸体偏心配置，只形成了一个月牙形空间，即单工作腔的旋转滑（叶）片压缩机。旋转滑（叶）片压缩机还有非圆形气缸，即双工作腔的结构型式。

2. 工作原理

各种滑片压缩机的工作原理基本相同。

单工作腔滑片压缩机主要由气缸、转子及滑片等三部分组成。转子偏心地安装在气缸内，转子的外表面与气缸的内表面均为圆柱形，两者之间保持一定的间隙，在气缸内壁与转子外表面形成一个月牙形空间。转子上开有若干纵向凹槽（滑片槽），在每个凹槽中都装有能沿径向自由滑动的滑片。转子旋转时，滑片在离心力的作用下从槽中甩出，其一端紧贴在气缸内表面上，把月牙形的空间分隔成若干扇形的小室，即基元。随着转子的连续旋转，基元容积从小到大、再从大到小周而复始地变化。

转子顺时针旋转，基元容积增大时，与左侧吸气孔口相通，吸入气体，直到基元容积达到最大值，即该基元的后滑片（相对于旋转方向而言，处于后面的滑片）越过吸气孔口的上边缘时吸气终止。随着转子的继续转动，该基元容积开始缩小，气体在基元内被压缩。当组成该基元容积的前滑片（相对于旋转方向而言，处于前面的滑片）达到排气孔口的上边缘时，基元与右侧的排气孔口连通，则压缩过程结束，排气开始。在基元的后滑片越过排气孔口的下边缘时，排气终止。随转子继续旋转，基元容积达到最小值后很快又开始增大，留在余隙容积中的高压气体膨胀，直至基元的前滑片达到吸气孔口的下边缘，该基元又与吸气孔口连通，重新吸入气体。

3. 特点

①结构简单、紧凑、维修方便。

②启动冲击小、运转平稳、噪声低、振动小。

③容积流量比较大、流量均匀、脉动性小。

④滑片与气缸之间的机械摩擦比较严重，产生较大的磨损和能量损失。

第三章

钻机系统分析

第一节 钻机的起升系统

一、起升系统工作原理

（一）起下钻操作

在钻井工作中，起下钻操作是不可缺少的环节，合理设计起下钻操作的程序和步骤，能够明显缩短起下钻所需的时间和提高功率利用率，同时也能够有效地降低钻井成本。

1. 起下钻操作步骤

（1）起钻过程操作步骤

更换钻头时，需将井中的全部钻柱取出，称为起钻作业。起钻包括以下步骤：

①用吊卡扣住钻杆接头；

②挂合绞车滚筒，带动钻柱起升，提出卡瓦，将井中整个钻柱提升一个立根的高度，然后摘开离合器，刹车；

③稍松刹车，下放钻柱，用卡瓦将钻柱卡在转盘上；

④旋下方钻杆，将方钻杆和水龙头置于大鼠洞中；

⑤用吊环扣住钻杆接头，挂合绞车滚筒带动钻柱起升，提出卡瓦，将井中整个钻柱起升一个高度，然后摘开离合器，刹车；

⑥用猫头（或卸扣气缸）拉动大钳崩松顶部立根的下接头丝扣；

⑦用转盘带动钻柱正转或用旋绳器将接头丝扣脱开；

⑧将此立根拉排入钻杆盒并靠在二层台指梁中；

⑨摘开吊卡，下放空吊卡至转盘上方刹住。

起另一个立根时，重复上一个操作，每起一立根就完成一个起钻循环，直至将井中的钻柱全部起出井口。

（2）下钻过程操作步骤

将钻头、钻铤、方钻杆、钻杆等组成的钻杆柱下入井中，称为下钻。下钻包括以下步骤：

①用卡瓦将钻柱卡在转盘上，打开扣在钻柱接头上的吊卡（如用双吊卡操作，应将一只吊卡放在转盘上架住钻柱，另一只吊卡则准备起升）；

②挂吊卡并同时挂合绞车高速挡，起升空吊卡至一个立根的高度；

③二层台上的操作工人把吊卡扣在一立根顶部的接头下面，向上稍提立根并移至井眼中心，对扣；

④将立根下面的接头对准钻柱顶部的接头，用猫头或旋绳器旋上接头丝扣；

⑤用猫头和大钳拧紧接头丝扣；

⑥向上稍提钻柱将其提出卡瓦（或摘开下吊卡）；

⑦用绞车或辅助刹车将钻柱下放一立根的距离，临近放卡瓦（或吊卡）时将钻柱下放速度刹慢；

⑧借助吊卡或卡瓦，将钻柱卡在转盘上（或扣牢下吊卡将它坐在转盘上），从吊卡上将吊环脱开。

下另一立根，重复上述操作。

2. 起下钻操作时间

从上述操作过程分析可见，起下一个立根的时间为：

$$t = t_{起} + t_{吊} + t_{下} + t_{手} \tag{3-1}$$

式中，$t_{起}$ 为起升一个立根所用的机动时间，其取决于起升速度；$t_{吊}$ 为起下钻中起下空吊卡的时间；$t_{下}$ 为下放钻柱一个立根距离所用的时间，其取决于下放速度；$t_{手}$ 为机手动时间，其包括上卸扣、提放卡瓦、摘挂吊卡等所用的时间。

每旋转或卸开一个接头，目前的定额为 2 min，而机动起升时间则只有 30 ~ 90 s，下放钻柱一个立根距离的时间只有 20 ~ 70 s，起下空吊卡的时间只有 30 s，所以，机手动时间所占的比重是比较大的，因此，为了缩短起下钻时间，需实行井口机械化操作。

（二）游动系统中钢丝绳与滑轮的运动分析

设 v 为大钩的速度；v_1，v_2，…，v_s 为各钢丝绳的速度，v_f 为快绳速度，v_d 为死绳速度，Z 为有效绳数（除死绳、快绳以外的游绳数），v_0'，v_1'，v_2'，…，v_s' 为天车各滑轮的旋转线速度，n_1，n_2，…，n_s 为天车各滑轮的转速，D 为滑轮直径。则有下列关系式：

$$\left.\begin{array}{c} v_f = v_1 = 6v = Zv \\ v_3 = v_2 = 4v \\ v_5 = v_4 = 2v \\ v_6 = v_d = 0 \end{array}\right\} \tag{3-2}$$

$$\left.\begin{array}{l} v_1' = v_1 = Zv, \quad n_1 = \dfrac{60 \times Zv}{\pi D} \\ v_2' = v_2 = v_3 = 4v, n_2 = \dfrac{60 \times 4v}{\pi D} \\ v_3' = v_4 = v_5 = 2v, \quad n_3 = \dfrac{60 \times 2v}{\pi D} \\ v_4' = v_6 = 0, n_4 = 0 \end{array}\right\} \tag{3-3}$$

由式（3-2）和（3-3）得：

$$\frac{\pi D n_1}{60} = v_1 = Zv, \Rightarrow n_1 = \frac{60 \times Zv}{\pi D} \tag{3-4}$$

通过上述的式子可知：

①在起下钻过程中，快绳一侧钢丝绳的速度要比死绳侧的速度高出数倍，钢

丝绳的弯曲次数自然也就较多，更易发生疲劳破坏，所以，用一段时间后应该补充新绳（即从死绳端储绳卷中放出新绳，从滚筒上斩掉一段钢绳重新固定缠好。此措施俗称为“倒大绳”）。

②快绳一侧的滑轮及轴承比死绳侧的转得快，检修时应将其滑轮及轴承与死绳侧的倒换一下，以使其寿命均衡；在设计和选择轴承时，应以快绳一侧的轴承工况为依据。

（三）游动系统中钢丝绳的拉力

在钻井作业中，游动系统共有 3 种工况：大钩静止、大钩起升及大钩下放。下面讨论在这 3 种工况时游动系统钢丝绳的拉力和效率。

设：Q_s 为起升时游动系统起重量；Q_h 为钩载；G_s 为游动部件重量（常量）；F_f，F_1，F_2，…，F_d 为快绳、各游绳和死绳的拉力。

1. 大钩悬重静止时

各段游绳拉力相等，即

$$F_f = F_1 = F_2 = F_3 = \cdots = F_Z = F_d，\ Q_s = Q_h + G_s = F_1 + F_2 + F_3 + \cdots + F_Z = ZF_f$$

$$F_f = Q_s / Z \tag{3-5}$$

2. 起升时

滑轮轴承的摩擦阻力和通过滑轮时的弯曲阻力使各绳拉力发生变化，即

$$F_f > F_1 > F_2 > F_3 > \cdots > F_2 > F_d \tag{3-6}$$

3. 下钻时

情况与起升时相反，即

$$F_f' < F_1' < F_2' < F_3' < \cdots < F_2' < F_d' \tag{3-7}$$

通过以上对游动系统的分析可见：在起钻和下钻时各钢丝绳的拉力是不同的，其中起钻时快绳拉力为最大，设计时应将起钻时快绳的拉力值作为绞车的基本参数，并作为选用钢丝绳的依据。

二、钻井绞车

绞车是钻机起升系统的主要设备，也是核心设备，它是钻机的三大工作机之一。

（一）绞车的功用与结构组成

1. 绞车的功用

①为起下作业提供几种不同的起升速度和起重量，以满足起下钻具和下套管的需要。

②在钻进过程中，悬挂静止的钻具，送进钻柱、钻头，控制钻压。

③利用绞车的猫头机构紧、卸钻具和起吊管子及重物。

④作为转盘的变速机构和中间传动机构。

⑤对于整体自升式井架钻机来说，用来起放井架。

⑥利用绞车的捞砂滚筒，进行提取岩心筒、试油等工作。

⑦安装钻台设备，完成其他辅助工作。

2. 绞车的使用要求

①能够传递足够大的功率：钻柱很重，起升功率很大。

②滚筒要有适当的尺寸和足够大的缠绳空间：保证起升一立根（28 m）缠绳长，余量行程 2 ~ 3 m，游绳数 10 根，缠绳长度约 300 m。

③要有适当的挡数：绞车工作时钩载是变化的，$N=QV$，保证 N = 常数，Q 与 V 呈反向变化；国家规定 6 个挡，挡数越多，功率利用率越充分，结构越复杂。

④刹车机构要灵敏可靠：钻压靠刹车调节，钻具起升下放中的停止、钻柱的悬持也靠刹车。

⑤猫头要有足够的拉力：猫头的作用是上卸扣，钻柱丝扣结合得很紧，崩扣力矩很大，猫头要有很大的拉力。

3. 现代绞车的结构类型

钻井绞车种类繁多，但最能体现绞车结构特点的是绞车的轴数。

(1) 单轴、双轴绞车

最初钻机的绞车是单轴绞车，这种绞车仅有一根滚筒轴，猫头装在滚筒轴两端，滚筒活装在轴上，绞车的变速由独立的齿轮变速箱实现，结构简单、运移方便。但猫头的转速偏高，位置也过低，操作不方便。为了克服这些缺点，把猫头装配在另一根轴上，这样就形成了双轴绞车。单轴、双轴绞车一般适用于浅井或中深井。

(2) 三轴和多轴绞车

随着钻井深度的不断增加，单、双轴绞车已经不能满足钻井工作的要求，三轴和多轴绞车（四轴以上的绞车）相继问世，现代重型和超重型绞车就属于此种类型。Z130–1 绞车的结构特点：①三根轴，即输入轴、猫头（变速）轴和滚筒轴；②链条变速，兼顾转盘；③优点是变速方便，高挡独立；④缺点是开放式，润滑不好，质量大（20 t），安装运输困难，挡偏低（国标 6 挡）。JC–45 绞车的结构特点：①四根轴，即输入轴、中间（变速）轴、猫头轴和滚筒轴；②内链条变速，内齿轮倒车；③优点是密封式，润滑良好；④缺点是 6 挡，总质量大（30 t），需分块搬运。

(3) 独立猫头轴—多轴绞车

由于重型和超重型绞车外形尺寸大、质量也大（一般为 20 ~ 30 t）、搬运和安装较困难，尤其是现代深井和超深井的钻机钻台较高（一般为 6 ~ 11 m），为了避免绞车上高钻台，近年来又研制出了独立猫头轴—多轴绞车。此种绞车的结构方案为：独立猫头轴和转盘传动装置构成一个单元，置于钻台上，起连接钻具、卸下钻具和提升一般重物的作用，还可充当转盘的中间传动装置。主绞车置于钻台下面后台上或联动机底座上，担负着起、下钻具以及下套管、处理事故等提升任务，可避免较长的上钻台链条。此种绞车的滚筒、猫头机构以及转盘都有各自的变速和制动机构，因此，它们都能根据工作所需获得较好的工作特性。

（4）电驱动绞车

直流电驱动钻机和交流变频电驱动钻机问世后，结构更为简单的电驱动绞车便应运而生。此种绞车以直流电动机或交流变频电动机为动力，分别驱动滚筒轴和猫头轴。因电驱动绞车的结构较简单，一般猫头轴不分设单元，而是和主绞车构成一个整体，如 JC500D 绞车的结构方案。

（二）绞车的工作计算

1. 滚筒的缠绳直径

在滚筒上缠绕钢丝绳时，如果第一层钢丝绳为左旋缠绳，则第二层必为右旋缠绳。在快绳拉力的作用下，第二层各圈钢丝绳大部分（约 3/4 圈）缠绕在第一层钢丝绳所形成的绳槽内。

在此种情况下，第二层缠绳直径增加了 2 倍的 AD 。在以 d 为边长的等边三角形 ABC 中：

$$AD = AB\sin 60^{\circ} = d\frac{\sqrt{3}}{2} = \varphi \cdot d \tag{3-8}$$

式中，d 为钢丝绳直径，mm；φ 为绳径修正系数，此时 $\varphi = \frac{\sqrt{3}}{2} = 0.866$ 。

但第二层缠绳各圈要向相邻各绳槽中跳过，仍然有少半圈（约 1/4 圈）必定是重叠起来的，此时 ϕ =1。所以，对于每一整圈取平均值，即 ϕ =0.9。则各层缠绳直径为：

$$D_1 = D_0 + d$$

$$D_2 = D_1 + 2\phi \cdot d = D_0 + d + 2\phi \cdot d$$

$$D_3 = D_2 + 2\phi \cdot d = D_0 + d + 4\phi \cdot d$$

以此类推，可以求出任意一层缠绳直径的通式为：

$$D_e = D_0 + d + 2(e-1)\phi \cdot d \tag{3-9}$$

式中，D_0 为滚筒缠绳直径，单位 mm；e 为缠绳层数，一般 e =3 ~ 5；D_e 为任意一层（或最外层）缠绳直径，mm。

如果用的是带槽滚筒，则缠绳直径应用另一种方法计算（需要时请查相关资料，这里不再单独讲授）。

2. 滚筒的平均工作直径

通常，当下完一个立根，游车处于最下位置时，滚筒上还应保留一层钢丝绳。则滚筒的平均工作直径为：

$$D_s = \frac{D_2 + D_e}{2} \tag{3-10}$$

3. 缠绳的总长度

同样，当下完一个立根，游车处于最下位置时，滚筒上还应保留一层钢丝绳。则缠绳的总长度为：

$$L = \pi D_1 n + Zl \tag{3-11}$$

式中，n 为每层缠绳圈数；Z 为有效绳数；l 为立根长度，一般为 28 m。

实际工作中，滚筒的实际缠绳圈数应该在上式的基础再加上 10 圈左右的余量。

4. 快绳速度

由于滚筒上各圈的缠绳直径是变化的，所以当滚筒以一定的速度（某一确定的挡速）旋转时，快绳与大钩的速度也有较大变化。

$$\left.\begin{aligned} V_{\text{fmin}} &= \frac{\pi D_2 n}{60} \\ V_{\text{fmax}} &= \frac{\pi D_e n}{60} \\ V_{\text{fa}} &= \frac{\pi D_a n}{60} \end{aligned}\right\} \tag{3-12}$$

式中，n 为滚筒转速，r/min。

5. 大钩速度

大钩的速度可按下列公式计算：

$$\left.\begin{aligned} V_{\min} &= \frac{V_{\text{fmin}}}{Z} = \frac{\pi D_2 n}{60Z} \\ V_{\max} &= \frac{V_{\text{fmax}}}{Z} = \frac{\pi D_e n}{60Z} \\ V_a &= \frac{V_{\text{fa}}}{Z} = \frac{\pi D_a n}{60Z} \end{aligned}\right\} \tag{3-13}$$

（三）绞车选用时应考虑的因素

一台钻机采用何种结构类型的绞车与多种因素有关。

①功率大小：要考虑主滚筒是否上钻台，如何安装运移。

②变速方式：要考虑绞车是内变速还是外变速，这与整机传动方案有关，轻中型钻机多采用外变速绞车；重型、超重型钻机则采用内变速绞车。

③倒车方式：应考虑绞车倒车是在内还是在外。

④猫头种类与数量：需要考虑猫头轴是否惯性刹车以及离合器数量和布置情况。

⑤功用：是否充当转盘中间机构和变速机构。

⑥润滑方式：要看采用的润滑方式是黄油、滴油、飞溅，还是强制润滑。

⑦控制方式：一般都采用集中气控制、气排挡。

⑧驱动类型：应根据驱动类型合理选用绞车。

正因为影响绞车结构型式的因素很多，为了适应不同类型、不同级别钻机的需要，才出现了结构上各式各样的绞车滚筒。

三、刹车机构

绞车的刹车机构包括主刹车和辅助刹车，主刹车用于各种刹车制动，辅助刹车仅用于下钻时将钻柱下放速度刹慢，吸收下钻能量，使钻柱匀速下放。

（一）机械刹车的功用与使用要求

1. 机械刹车的功用

在下钻、下套管时，需要用刹车刹慢或刹住滚筒、悬持钻具和控制钻具下放速度；在正常钻进时，控制滚筒转动，以调节钻压，送进钻具。

2. 刹车的使用要求

从使用要求的角度考虑，刹车应安全可靠，灵活省力，具有较长的使用寿命。

在石油现场经常可以看到，因刹车不可靠而发生重大溜钻事故，造成设备损失和井下事故，甚至危及工人的生命安全。在现场还可看到，司钻在钻井过程中总是手不离刹把，如果刹车机构不灵活、费力，将大大加重司钻的劳动强度，给操作带来极大的不便。生产实践表明：刹车机构是钻机的重要部件，石油矿场机械工作者对此切不可掉以轻心。

刹车按作用原理可分为带式刹车和液压盘式刹车。

（二）带式刹车

1. 带式刹车的结构组成

带式刹车机构主要由控制部分（刹把）、传动部分（刹带轴、刹把轴、曲拐、连杆）、制动部分（两根刹带、刹带块、刹带吊耳及机械换挡机构）、平衡梁和气刹车等组成。

刹车机构上的两根刹带完全相同，一般为 6 mm 厚的圆形钢带。钢带的两端分别连接活端吊耳，钢带的内壁衬有用石棉改性树脂材料压制而成的刹车块，刹车块用沉头铜螺钉固定在钢带上。一般沉头铜螺钉沉入深度为 16 mm，因此，当刹车块磨损量达到 16 mm 时，必须更换刹车块。

2. 刹把调节与刹带、刹车块的更换

（1）刹把的调节

在钻井过程中随着刹车块磨损量的增加，刹把终刹位置逐渐降低，当刹把

终刹位置与钻台面夹角小于30°时，会造成操作不便，因此，必须调节刹带。调节时，首先应该用平衡梁上的专用扳手将锁紧螺母松开，调节拉杆的长度，直到将刹车鼓刹紧，刹把与钻台面的夹角为45°时，然后将锁紧螺母拧紧。

（2）更换刹带

更换刹带时，首先应卸下刹带拉簧、托轮和刹带吊耳，然后将刹带向内移动到滚筒上，再将刹带取出。决不可用猫头绳硬将刹带拉出，以免造成刹带失圆。若刹带出现失圆或新刹车带不满足圆度要求，应按正确的方法对刹带进行整圆。调节或更换刹带后，都应调节刹带上方的拉簧，同时也调节刹带后面和下面的托轮位置。

（3）更换刹车块

当刹车块磨损量达到其厚度的一半时，就要更换新的刹车块。更换时，最好单边交叉更换，以免由于新刹车块贴合度差而刹不住车。

3. 刹车机构的润滑

刹车机构除平衡梁上支座的润滑点外，其余润滑点均集中在平衡梁下面左、右两块润滑孔板上，应该用锂基润滑脂每天对各润滑点注油1次。也应经常用30号机械油对刹车机构的各销轴铰接处及平衡梁两端的球面支座处浇注润滑。

滚筒轴承座的润滑点分布在左、右孔板上，由 ϕ10 mm 的紫铜管连接至轴座上。

（三）盘式刹车

盘式刹车于19世纪初问世，在机车、汽车、飞机及矿山提升机上获得了飞速发展。1985年美国CH、NSCO、EMSCOD等公司首先把液压盘式刹车用于钻机绞车主刹车，我国1995年开始在钻机绞车主刹车上使用液压盘式刹车。近年来，液压盘式刹车在钻机绞车中得到了广泛的应用。下面讲解液压盘式刹车的结构组成与工作原理。

1. 液压盘式刹车的结构组成

液压盘式刹车可分为常开型杠杆钳液压加压式、常闭型杠杆钳弹簧加压式、常开型固定钳液压加压式和常闭型固定钳弹簧加压式四类。

液压盘式刹车由刹车盘、开式刹车钳（安全钳）、闭式刹车钳（工作钳）、钳架、液压动力源、控制系统等组成。

（1）刹车装置总成

刹车装置总成由钳架、刹车盘、刹车钳等部件组成。刹车盘通过滚筒轮缘与滚筒组装在一起，刹车钳安装在钳架上，它是盘式刹车实现刹车的主要部件。

①刹车盘是直径为1500 ~ 1650 mm，厚度为65 ~ 75 mm带有冷却水道的圆环，其内径与滚筒轮缘配合，装配在一起。刹车盘环形侧表面与刹车钳上的刹车块构成摩擦副，实现绞车的刹车。刹车盘按结构形式分为水冷式、风冷式和实心刹车盘三种。水冷式刹车盘内部设有水冷通道，在刹车盘内径处设有进、出水口；外径处设有放水口，用来放尽通道内的水，以防止寒冷气候将刹车盘冻裂；正常工作时，用螺塞将放水口封住。风冷式刹车盘内部有自然通风道，靠自然通风道和表面散热。实心刹车盘靠表面散热，主要用于修井机和小型钻机。

②钳架是一个弯梁，工作钳及安全钳均安装在它的上面。通常配备两个钳架，钳架上、下端通过螺栓分别固定在绞车的横梁和底座上，位于滚筒两侧的前方。

③刹车钳由浮式杠杆开式钳（常开钳）和浮式杠杆闭式钳（常闭钳）组成。常开钳是工作钳，用于控制钻压以及各种情况下的刹车。常闭钳用于悬持情况下的驻刹。

开式钳的工作原理：当向钳缸供给压力油时，液压力推动活塞向左移动，由于钳缸的浮式放置，活塞与缸体通过上销分别推动左右钳臂的上端向外运动，缩短了左右下销之间的距离，带动刹车块向内运动，从而将刹车块以一定的正压力压在旋转中的刹车盘上，在刹车盘与刹车块之间产生摩擦力，对刹车盘实施制动。由此可见，开式钳的刹车力来源于液压力，且油压越高，刹车力越大。如果进入钳缸的油压等于零，活塞与缸体则通过安装在左右上销端部的回位弹簧向内运动，刹车块向外运动与刹车盘脱离接触，刹车钳松刹。开式钳的动作：有油压时刹车、无油压时松刹，称为常开钳。

闭式钳的工作原理：当向钳缸供给压力油时，油压推动活塞向右移动而压缩弹簧，同时拉动左右钳臂的上端向内运动加大了左右下销之间的距离，带动刹车块向外移动，刹车块与刹车盘脱离接触，刹车钳松刹。当钳缸泄掉油压时，碟簧反弹推动活塞左移，左右钳臂上端向外运动，缩短了上下销之间的距离，使刹车块与刹车盘接触。此时，刹车块作用在刹车盘上的力为碟簧力，以该力形成的摩擦力实施刹车。闭式钳的刹车力来源于碟簧的弹力。闭式钳的动作：有油压松刹、无油压刹车，称为常闭钳。

（2）液压动力源

液压动力源由油箱组件、泵组、控制块总成、加油组件、电控柜等组成。

①油箱组件：油箱组件包括油箱、吸油阀、放油阀、液位液温计、冷却器等元件。吸油阀门的功能：当维修油泵时，关闭该阀门，使油箱与油泵吸油口断开，防止液压油外泄。正常工作时，吸油阀门处于开启状态。放油阀门是为了更换液压油而设置的，正常工作时，放油阀门处于关闭状态。液位液温计供观察油箱液面高低及油箱油温之用。冷却器为列管式水冷冷却器，用来平衡整个系统的温度，可根据系统的工作温度确定是否投入使用。当需要冷却时，将旁路截止阀关闭，冷却水接通，不需冷却时，则将旁路截止阀开启，冷却水关闭。

②泵组：系统配备两台同样的柱塞泵，分别由防爆电机驱动，一台工作，另一台备用，工作时可交替使用。

③控制块总成：主要由油路块、蓄能器、截止阀、单向阀、安全阀和高压滤油器等元器件组成。蓄能器可降低液压回路的压力脉动，并在无法正常工作时提供一定的能量。截止阀是用来释放蓄能器油压的，在正常工作时，截止阀一定要关严，否则，将无法建立起系统压力。单向阀的作用是隔开两台泵的出油口，使其形成三个相互独立而又相互联系的油路，保持蓄能器油液不回流。安全阀是一个溢流阀，起保护作用。

④加油组件：加油组件由一台手摇泵和一台过滤器组成。当油箱加油时，通过加油泵组完成，以保证油液的清洁度。

⑤电控柜：液压站的电控柜主要用来控制电动机和加热器的启动和停止。

（3）操作台

操作台由刹车阀组件、驻刹阀组件、控制阀组、管路、压力表等组成。操作台位于钻台操作室内，司钻通过操作台上的控制手柄对 SY 型盘式刹车实施控制。

2. 刹车系统工作原理

SY 型盘式刹车的刹车系统可实现 5 个方面的刹车：

①工作刹车由开式钳承担。操作司钻阀向开式钳输入不同压力的压力油，就会产生不同的刹车力。工作刹车的刹车力仅是液压力。

②驻刹车由闭式钳承担。驻刹车是为停车时防止滑行而设置的制动装置。实施驻刹车时闭式钳泄油刹车。驻刹车的刹车力是碟簧力。

③紧急刹车由开式钳与闭式钳共同完成。实施紧急刹车时，可通过闭式钳泄油刹车，同时开式钳充入压力油也可实施刹车。

④防碰天车刹车由闭式钳承担。当过卷阀启动送来的气压信号传递给盘式刹车系统的控制元件时，闭式钳自动泄油刹车。

⑤蓄能器在系统失电情况下，分别向开式钳和闭式钳提供刹车压力油，可分别进行 6 ~ 8 次刹车。

（四）辅助刹车

辅助刹车的作用是帮助主刹车下钻，在下钻的过程中通过制动滚筒轴来制动下钻载荷。过去，钻机的辅助刹车大多采用水刹车。目前，水刹车已逐渐被电磁刹车和伊顿盘式刹车所取代，所以，这里仅介绍电磁涡流刹车和盘式辅助刹车。

1. 电磁涡流刹车

电磁刹车可分为感应式电磁刹车（又称为涡流刹车）和磁粉式电磁刹车。目前钻机中应用的几乎全是电磁涡流刹车。

如图 3-1 所示，涡流刹车主要由左、右定子和转子组成。定子中固定嵌装着激磁线圈，当 380V 的三相交流电源经过三相变压器降低电压，输入桥式电路

整流器进行整流，便可输出连续可调的直流电至电磁涡流刹车的激磁线圈，在线圈周围产生固定磁场，转子处于此磁场中。当转子与绞车滚筒轴一起旋转时，转子通过切割磁力线使转子内的磁通密度发生变化，就会在转子表面产生感应电动势，从而产生感应电流，即涡流。此时，带涡流感应电流的转子在原来的固定磁场中产生旋转磁场，此旋转磁场在转子的不同半径上产生与转子转动方向相反的电磁力，亦即对旋转轴的电磁制动力矩。显然，输入直流电的电流强度越大，固定磁场强度越强，所产生的电磁力矩也就越大，利用这种电磁力矩来平衡不同下钻载荷的能量，便起到了辅助刹车的作用。

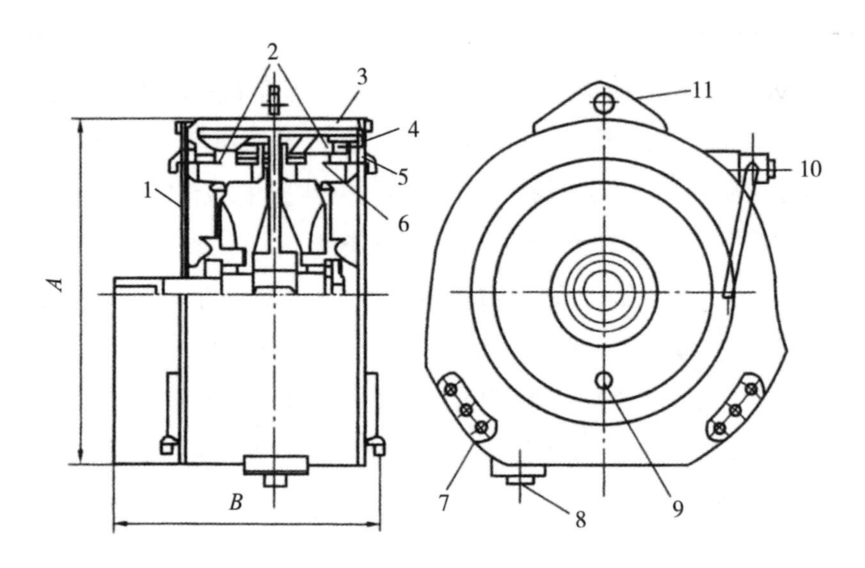

1- 导入导线；2- 磁极；3- 水套；4- 转子；5- 激磁线圈；6- 定子；7- 底环联板；8- 出水口；9- 进水口（两侧）；10- 接线盒；11- 提环

图 3-1 电磁涡流刹车

在工作过程中，涡流刹车将机械能转化为热能。为了迅速带走转子中的热量，从离合器侧面送进冷却水，流经转子的外表面后，由周围的水套下面的出水口排出，即起到散热的作用。送进的冷却水要求的水质较高，矿物质含量要低，一般 pH 在 7 ～ 7.5。

2. 盘式辅助刹车

美国伊顿公司生产的 WCB 系列水冷却盘式刹车，是目前比较理想的辅助刹车，它特别适用于大转动惯量的制动以及快速散热。WCB 刹车可以安装在轴的中间，也可以安装在轴的末端。这种刹车结构坚固，可以长时间无故障运行。

伊顿刹车主要由安装法兰组件（左定子）、气缸（右定子）、静摩擦盘、动摩擦盘、复位弹簧、活塞、齿轮转子等组成。

①安装法兰组件：由安装法兰盘、静摩擦盘、连接螺栓等组成，安装法兰组件构成该辅助刹车的定子。静摩擦盘通过螺栓固定在安装法兰盘上，二者皆是圆环件，在安装法兰盘顶部（时钟的 12 点钟位置）设有冷却水出口（90° 孔）。

②摩擦盘组件：由动摩擦盘、动摩擦盘芯、齿轮等组成。动摩擦盘通过螺栓固定在动摩擦盘芯上，每个动摩擦盘芯上固定两个动摩擦盘。动摩擦盘芯是圆盘件，其内径为内齿圈，与齿轮啮合，因此摩擦盘组件构成该辅助刹车的转子。若有两个动摩擦就称为双摩擦盘的 WCB，以此类推。

③气缸总成：由气缸、活塞、压紧盘组件、复位弹簧等组成。气缸的下部有锥螺纹进气孔，在气缸的环形空间中装有活塞，活塞可以沿气缸内孔左右移动，从而推动压紧盘压紧摩擦盘。压紧盘组件由压紧盘、静摩擦盘、螺栓等组成，静摩擦盘通过螺栓固定在压紧盘上。在压紧盘的顶部设有冷却水排出口。压紧盘可沿螺栓上的夹管左右移动，其作用是推动磨擦盘，产生制动力矩。复位弹簧安装在法兰与压紧盘之间，其作用是使压紧盘复位，使静、动摩擦盘脱离。

伊顿刹车的工作原理：当来自钻机气控制系统的压缩空气从气缸上的进气孔进入气缸后，推动活塞向左移动，活塞再推动压紧盘移动，压紧盘克服弹簧力向左移动，将动摩擦盘压紧，从而产生制动力矩。当切断气缸过气孔处的压缩空气时，压紧盘在弹簧力的作用下向右移动，推动活塞复位，同时动摩擦盘脱离两个静摩擦盘，使盘式刹车器处于非工作状态。

四、井架

井架是钻机提升系统的重要组成部分之一。其是一种具有一定高度和空间

的金属桁架结构，在钻井过程中，用于安放和悬挂游动系统、吊环、吊卡等，并承受井中钻柱重量，在起下钻作业时要存放钻杆或套管。因此，对井架的要求是，必须具有足够的承载能力、足够的强度、刚度和整体稳定性。

（一）井架的功用与基本组成

1. 井架的功用

井架的功用主要包括以下几个方面：

①安放天车，悬挂游动滑车、大钩、吊环、吊钳、各种绳索等提升设备和专用工具。

②在钻井作业中，支持游动系统并承受井内管柱的全部重量，进行起下钻具、下套管等作业。

③在钻进和起下钻时，用以存放钻杆单根、立根、方钻杆或其他钻具。

④遮挡落物，保护工人安全生产。

⑤方便工人高空操作和维修设备。

2. 井架的基本组成

石油矿场上使用的各种井架主要由以下几部分组成：

（1）井架主体

井架主体包括井架大腿、横拉筋、斜拉筋等，它多为型钢材组成的空间桁架结构，是主要的承载部分。

（2）人字架（也称天车架）

位于井架的最顶部，其上可悬挂滑轮，用以在安装、维修天车时起吊天车。

（3）天车台

在井架顶部，用来安放天车及天车架。天车架是安装、维修天车时起吊天车之用。天车台上有检修天车的过道，周围有栏杆。

（4）二层台

位于井架中间，塔形井架二层台在井架内部，其余井架二层台在井架外前侧。二层台由井架工进行起下操作的操作台和存靠立根的指梁组成，它是井架工进行起下钻操作的工作场所。

（5）立管平台

立管平台是装拆水龙带的操作台，也是上井架人员短暂休息的场所。

（6）工作梯

有盘旋式和直立式两种，是井架工上下井架的通道。

此外，还有钻台和底座，钻台是井架底座上面用铁板或木板铺成的一块可供钻工在井口操作并摆放井口工具的地方。底座有两个主要作用：一是支承钻台和转盘，并为钻台上的设备提供工作场所；二是使井口距地面有一定高度，为钻台下放防喷器组提供空间。

（二）井架的使用要求及维护保养

1. 井架的使用要求

一般对井架有以下几点要求：

①应有足够的承载能力，保证能够起下一定长度和一定重量的管柱。

②应有足够的工作高度和空间，能迅速安全地进行起下钻操作，并便于安装有关设备、工具、钻具。若工作高度太小，会增加起下操作的次数并限制起升速度。若井架内部空间狭窄，一是会影响游车的上下运行；二是会影响司钻的视野，还会影响钻台的操作面积，这些都会影响到起下钻操作的速度和工作的安全。

③应便于拆装、移运和维修。为此要求采用合理的结构以减轻重量，并便于分段或整体移运、水平安装以及整体起放等。

2. 井架的维护与保养

①正常工作时，应定期组织专人检查井架立柱是否弯曲，井架各节点处有无松动或丢失螺栓，构件有无变形或损坏，确保井架安全可靠。

②井架各绷绳的拉力应均匀，并符合设计要求。

③检查井架内部工作的各种绳索有无摩擦、碰撞井架构件的现象。

④对于整体拖移的井架，拖移前应对井架进行一次全面检查，矫正并拧紧各节点的连接螺栓，使井架成为一个紧固的整体结构，以防在拖动中因摇晃、振动而变形损坏。拖移到新井位后，再进行一次全面检查，正常后方可使用。

⑤井架上的所有构件应定期进行防腐处理，以延长井架的使用寿命。

（三）井架的结构类型

钻井井架按整体结构形式可分为 3 种类型：

1. 塔形井架

塔形井架是一种四棱截锥体的金属空间桁架结构，其横截面为正方形，立面为梯形，井架前扇有大门，主体部分是一个封闭的四棱截锥体桁格结构。每扇平面桁架又分成若干桁架，同一高度的四面桁架在空间构成井架的一层，因此，整个井架可看作由多层空间桁架组成的四棱截锥体空间桁架结构。

井架的 4 个大腿与横、斜拉筋都是通过螺栓连接而成的，拆装烦琐，且不安全。此种井架的特点是总体稳定性高，多用于海洋钻井。

2. 前开口井架

前开口井架又称 K 形井架。我国电动钻井大多数使用该种井架。

（1）井架本体

井架本体是由 3 ~ 6 段焊接空间桁架结构组成，段与段之间采用销子定位，抗剪销、螺栓连接。钻台具有较大的面积，便于操作和存放立根，整个井架的前面是敞开的。

（2）拆装运移性

这种井架可在地面水平拆装、整体起放和分段运输。为了满足运输的需要，井架的截面尺寸不能太大，比塔形井架的截面尺寸要小。

（3）视野开阔性

井架各段两侧扇形式完全一样，其背扇横、斜杆通过销轴与左右两个侧扇连接，并可组成多种图形，以扩大司钻视野。

（4）大腿坡度

按照使用、制造等工艺要求的不同，可以将大腿做成没有坡度、坡度不变和坡度成折线变化（即下段没有坡度，上段坡度不变）3 种形式。

（5）稳定性

为了保证井架的稳定性，井架底部桁架往往采用不同于两侧桁架的特殊桁架结构，如三角形结构和菱形结构等。

（6）可操作性

总体稳定性高、拆装方便且安全，采用较高的钻台，便于安装、操作井口设备。

3.A 形井架

①整个井架的大腿是两个较小等截面的空间桁架结构，贯通天车、井架上部的附加杆件、二层台至钻台下部与钻机底座铰接固定，两条大腿的上部与二层台连接成“A”字形结构。在井架后面配有一个用于起放井架的人字架。

②井架的两个大腿由 3 ~ 5 段焊接空间桁架结构组成，段与段之间用锥销定位，抗剪销、螺栓连接。整个井架可水平拆装、整体起放和分段运输。

4. 桅形井架

桅形井架是由二段或三段焊接结构组成的半可拆单柱式井架。桅形井架是由杆件或管柱组成的整体焊接空间桁架结构，井架的横截面为矩形或三角形，可分为整体式和伸缩式（或折叠式）。桅形井架一般利用液压缸或绞车整体起放，分段或整体运输，拆装移运方便。桅形井架主要用于车载钻机。

五、游动系统

（一）天车

天车主要是由安装在井架顶部的天车架、滑轮组和辅助滑轮等零部件组成。

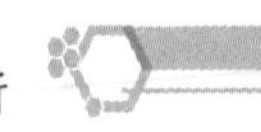

1. 天车的结构特点

尽管天车的种类繁多，但主要可分为 3 种：滑轮轴共轴线，且各滑轮相互平行；滑轮轴线平行，快绳滑轮在另一根轴上；滑轮轴不共轴线，且快绳滑轮偏斜。

（1）TC-350、TC-250 天车

这两种天车结构形式相同，主要由天车架、滑轮组和辅助滑轮等组成，均属于滑轮轴线平行天车。因快绳滑轮在另一根轴上，且位于两组滑轮中间，所以只能采用交叉法穿绳。TC-350 主要配备于 ZJ45J 和 ZJ45 钻机，TC-250 主要配备于 ZJ32L-1 和 ZJ40/2250L 钻机。

①天车架（天车底座）是一个由两根横梁及两至三根纵梁焊接而成的方形框架结构，两横梁座在井架天车梁上，用 4 个 U 形螺栓固定。

②滑轮组：TC-350（TC-250）天车共有 7 个滑轮，滑轮结构完全相同，可以互换。

每个滑轮都是由两个双列圆锥滚子轴承支撑在滑轮轴上，采用注油隔环和弹簧圈对每个滑轮两轴承进行润滑和定位。每个滑轮的两副轴承都有 1 个单独的润滑油道，通过安装在滑轮轴两端的黄油嘴进行脂润滑。在两根纵梁之间同一根滑轮轴上有 6 个滑轮，每 3 个滑轮为 1 组，两组滑轮之间用 1 个轴套隔开，每组滑轮用螺母固定在天车轴上，并用止动垫止动，防止螺母松动。快绳滑轮则单独安装在两组滑轮之间的前方，这样可以使快绳直接从井架外侧引向滚筒。滑轮轴通过轴承座固定在天车底座上，为了防止天车轴转动，采用止动板固定。天车轴的转动固定主要有 3 种形式：止动板固定（如 TC-350 型、TC-90 型）、稳钉固定（如 TG-130 型）和平键固定（如 GF-400 型）。

为保护滑轮和人身安全并防止钢丝绳跳轮，每组滑轮都装有护架。

③辅助滑轮又称为高悬猫头绳轮。3 个辅助滑轮都是通过吊架用销子悬挂在天车底座上，滑轮内装有两副圆柱滚子轴承，销轴的一端装有 1 个黄油杯，用来向轴承加注润滑脂。

（2）TC-200 天车

该天车是 TC1-130 天车的变型，配备于大庆Ⅱ型钻机。其主要由天车架、滑轮组和辅助滑轮等组成，但属于滑轮轴共轴线天车，故既可采用顺穿法，又可采用交叉法穿绳，TC-200 天车共有 7 个滑轮装在一根轴上（TC1-130 天车有 6 个滑轮，分别装在同一轴心线的两根轴上），各滑轮相互平行。其余与 TC-350 相似。

（3）TC10-450、TC7-315 天车

这两种天车均属于滑轮轴不共轴线且快绳滑轮偏斜型天车，因快绳滑轮在另一根轴上，且快绳滑轮是偏斜的，故只能采用顺穿法穿绳。TC10-450 天车主要配备于 ZJ70/4500DZ、ZJ70/4500L 钻机，TC7-315 天车主要配备于 ZJ50/3150DZ 系列钻机和 ZJ50/3150L 钻机。其主要由天车架、轴承座、天车轴、双列圆柱滚子轴承、滑轮、辅助滑轮、天车滑轮起重架及栏杆等组成。

①天车架：由两根横梁及两根纵梁材料为 16Mn 板材焊接成的方形框架结构，天车和井架之间的连接靠 2 个 ϕ40 mm 的定位销定位后，用 12 个螺栓固定在井架上。天车上部有滑轮起重架，用于天车滑轮及其轴和轴承的换修。天车下部用螺栓固定两块方木，用于钻井过程中防止碰天车。

②滑轮组：TC10-450（TC7-315）天车共有 7 个主滑轮和 1 个导向滑轮，7 个主滑轮结构相同，可以互换。

最大绳系为 6×7，钢丝绳直径 ϕ38 mm。主滑轮和导向轮的轴承都是双列圆锥滚子轴承。导向轮安装在主滑轮组前方纵梁上，其轴线与天车架对称中心线平行。每个滑轮中的轴承都通过安装在滑轮轴两端的黄油嘴单独进行脂润滑。6 个相互平行的主滑轮为 1 组，装在同一根轴上，每两个滑轮之间装一个间隔环，对滑轮轴向定位。主滑轮组轴两端通过轴承座固定在天车底座上，为了防止天车轴转动，采用止动板固定。而快绳滑轮则单独安装在该组滑轮之前，快绳滑轮的轴线与天车轴中心线偏斜 45°，这样可以使快绳直接从井架外侧引向滚筒，因此配备此种天车的钻机游动系统绳系必须采用顺穿法。为了使游车与井架大门相平行，滑轮组的天车轴中心线与天车架的对称中心线偏斜 45°。滑轮上方护架可防

止钢丝绳从滑轮绳槽内脱出。

③辅助滑轮：天车下部悬挂有两个辅助滑轮，用于启动绞车悬绳。

2. 天车的维护保养及故障排除

①检查各滑轮转动是否灵活，有无阻滞现象，以一个人用手能自由旋转为宜。当旋转任一滑轮时，其相邻滑轮不应随着转动。

②检查各螺母是否松动，防止螺丝松动用的开口销、铁丝是否装配牢固。在解卡、顿钻等重大事故后，要仔细对天车进行全面检查。

③检查护架、栏杆是否可靠，管座上的焊缝有无碰裂现象。

④要按规定时间用 1 号、2 号锂基润滑脂对各滑轮轴承进行润滑。

⑤检查各润滑轴承的温度，不得大于 50℃。

⑥应定期用检查滑轮槽磨损的量规对滑轮槽测量，测量滑轮槽的槽宽和深度，当滑轮槽产生偏磨或严重磨损时，应将滑轮倒转 180° 使用或更换滑轮。

（二）游车

游车就是在井架内部作上、下往复运动的动滑轮组。

1. 游车的结构

游车主要由横梁、左右侧板组、滑轮、滑轮轴、销座（钢板）、下提环（吊环）、护罩等零部件组成。

滑轮用双列圆锥滚子轴承支撑在滑轮轴上，每个轴承都通过安装在滑轮轴两端的油杯单独进行润滑。侧板组上部用螺杆与横梁连接，下提环被两个提环销连接在销座上。销座用销轴与侧板组连接，提环销的一端用开槽螺母及开口销固定。当摘挂大钩时，可以拆掉游车上的任何一个或两个提环销。为使两侧板组夹紧滑轮轴，通过两侧板组的中部和下部的调节垫片进行调节。用止动块（或键）将轴固定在侧板上，以防止轴转动。

2. 使用与维护保养

①游车在使用前及使用过程中，应经常检查，发现故障立即排除。

②在使用期间，滑轮轴承发出噪声和由于不平稳转动造成的滑轮抖动，表明

轴承的间隙过大，应及时更换磨损了的轴承。

③游车在提升和下放时，应避免大幅度的上、下、左、右摇摆。

④滑轮槽应定期用专门样板检查，当滑轮槽半径磨损至规定的滑轮槽半径数值时，应该更换滑轮。

⑤润滑：用油枪向轴两端油杯注入1号、2号锂基润滑脂，每周1次。

（三）大钩

1. 大钩结构特点

钻井大钩有两类，一类是独立大钩，其提环挂在游车的吊环上，可与游车分开拆装，中型、重型和超重型钻机大多采用此类大钩；另一类是游车大钩，将游车和大钩做成整体结构，二者不能分开，轻便钻机和车载钻机大多采用此种大钩。大钩种类繁多，结构形状各异，按减震形式可分为单弹簧减震大钩、单弹簧加液压减震大钩和双弹簧加液压减震大钩。

（1）DG-350、DG-315 大钩

这两种大钩结构相同，均属于双弹簧加液压减震的独立大钩。DG-350大钩主要配备于ZJ50/3150L和ZJ50/3150DZ钻机。其主要由钩身、筒体、吊环座、内外弹簧、钩杆、吊环、安全锁紧装置和转动锁紧装置等组成。

①钩身：钩身是一个铸钢件，其上部中空，并加工有左旋螺纹，与下筒体连接，并用止动块防松，构成大钩的主钩部分。在钩身上部中空部分安装转动锁紧装置，钩身的下部安装安全锁紧装置，钩身的中部有左右对称的两个副（侧）钩及闭锁装置。

②安全锁紧装置：由安全销体（钩舌）、安全锁块、安全插销和弹簧等组成。安全销体通过销轴连接在钩身上，并可绕销轴转动，相对钩身的最大开口20mm，其功用是闭锁水龙头提环。安全锁块通过销轴连接在安全锁体顶部，可绕销轴转动，安全插销在弹簧作用下始终顶在安全锁块上，使安全锁块始终处于锁紧位置。当用专用工具或钩子钩住安全销块下拉时，安全销块压迫安全插销及弹簧，安全销体即可打开；挂上水龙头上提时，安全锁体就能自动闭锁。

③转动锁紧装置：主要由制动轮、制动轮轴、掣子、掣子轴、掣子弹簧、壳体和锁环等组成。锁环外径上有 8 个均布的凹槽，锁环内径加工有母花键，与固定不动的钩杆螺母的外花键配合，锁环可相对螺母上下移动，但不能转动，当制动轮进入锁环的任意一个凹槽时，则钩身被制动。掣子通过锥销与掣子轴连接，制动轮与制动轮轴也通过锥销连接。制动轮在其弹簧作用下始终具有转出圆形轮廓的趋势，掣子在其弹簧作用下始终具有顺时针转动趋势。当用专用扳手将“止”端的手把向下拉时，掣子轴带动掣子克服弹簧力转动，使掣子端部脱离制动轮台肩，制动轮在其弹簧作用下转出圆形轮廓，嵌入大钩锁环的凹槽内，使钩身不能转动。当将“开”端的手把向下拉时，制动轮在其轴带动下克服弹簧力转动，当掣子落入制动轮台肩时，制动轮被掣子卡住，钩身就可以自由转动。

④安全定位装置：该定位装置位于上筒体顶端，由 6 个小弹簧和 1 个定位盘组成。6 个小弹簧均安装在上筒体顶端，其上支撑定位盘。定位盘上表面和钩座环形下表面的加工质量很高，通过二者接触时产生的摩擦力，来限制钩身转动。当大钩提升空吊卡时，定位盘与钩座环形面形成一定的摩擦力，来阻止钩身转动，这样可避免吊卡转位，便于井架工在二层台上操作。当大钩悬挂有钻柱时，定位盘与钩座脱离，钩身自由转动。

⑤缓冲减震装置：该大钩采用双弹簧和减震油双重减震形式，外弹簧左旋，内弹簧右旋，筒体内装有减震油。位于轴承上面的弹簧座把钩身和筒体内腔分为两部分，减震油可以通过轴承和弹簧座与筒体之间的环隙上下窜动，形成一定阻尼作用，使大钩具有较好的液力缓冲性能。

（2）YD-125 型游车大钩

其主要由游车总成、缓冲减震总成和大钩总成三部分组成。这种结构的特点是减少了大钩和游动滑车的总高度，充分利用了井架的有效高度，但穿钢丝绳和维修不便。

①游车总成：由 5 个滑轮、滑轮轴、外壳等组成。每个滑轮通过两个圆柱滚子轴承支撑在滑轮轴上，轴承采用单独润滑。用键将滑轮轴、支承套、外壳三者连为一体并固定在外壳的两侧板上。

②缓冲减震总成：主要由右旋内弹簧、左旋外弹簧和减震油等组成。当大钩全负荷时，与提杆固定为一体的弹簧座压缩内、外弹簧迅速坐在弹簧盒上部内台肩上，提杆下行 150 mm。当提杆卸载时，弹簧力足以使刚卸开的钻杆立根自动从钻柱中跳出。

③大钩总成：由钩身、提杆、提帽等零件组成。钩身上装有安全锁紧装置，钩身两侧铸有挂吊环的副钩，为了防止吊环从副钩中脱出，用月牙挡板闭锁。钩身通过轴与提帽相连，通过提带螺纹的帽盖悬挂在装有单向推力滚子轴承的提杆上。

2. 大钩的维护保养

①当水龙头提环挂入钩口后，应检查掣子是否闭锁完好。

②起下钻时，应注意侧钩耳环螺母是否紧固，防止耳环轴移动，致使吊环脱出。

③钻进中要经常检查钩口安全装置锁紧及各紧固件螺栓是否松动。在处理井下复杂事故时，若钩口安全舌闭不紧，应在挂好水龙头后用钢丝绳绑住大钩钩口和安全舌。

（四）钢丝绳

钻机游动系统的钢丝绳起着悬持游车、大钩和井中全部钻具的作用。我国钻机标准规定：各级石油钻机应保证在钻井绳数和最大钻柱重量的情况下，钢丝绳的安全系数大于等于 3；在最大绳数和最大钩载情况下，钢丝绳的安全系数大于等于 2。

1. 钢丝绳的结构及分类

钢丝绳先由钢丝围绕一根中心钢丝制成绳股，再由绳股围绕绳芯捻成绳。钢丝绳的绳芯分为油浸纤维芯、油浸麻绳芯和金属绳。绳芯的作用是支撑绳股、储油、润滑钢丝、减少钢丝间的磨损、使钢丝受力均匀。石油钻机钢丝绳的绳芯不允许使用黄麻，因为黄麻支撑绳股和储油性能差。

钢丝绳按捻搓方向可分为左旋顺捻钢丝绳、左旋逆捻钢丝绳及右旋顺捻钢

丝绳和右旋逆捻钢丝绳。按其结构形式可分为普通型、外粗型、填充型和异型。

2. 钢丝绳的合理使用

①钢丝绳要有规则地缠绕在滚筒上，不得在钢丝绳缠乱情况下承受负荷。

②钢丝绳的直径应与滑轮绳槽相匹配，滑轮绳槽半径应大于钢丝绳半径约1 mm。

③滑轮或滚筒直径与钢丝绳直径的比例要合理，二者的比值一般不得小于18，因为钢丝绳经过滑轮时不但承受弯曲交变应力，而且承受弯曲阻力，所以钢丝绳通过的轮径越小，钢丝绳所受的弯曲应力越大，其寿命越短。

④当需要切断钢丝绳时，应先用软铁丝缠好两端，缠绕长度为绳径的 2 ~ 3 倍，再用氧气切割或用剁绳器切断钢丝绳。

⑤需要上绳卡时，两绳卡间的距离不应小于绳径的 6 倍，上卡子时，要正上，卡子的拧紧程度应在拧紧螺母后钢丝绳被压扁 1/3 左右为宜。

第二节　钻机气控制系统

一、气控制系统概述

钻机作为大型的联动机组，为保证钻机各部分协调、准确、迅速地完成钻进、循环钻井液、起下钻具、处理事故等多项作业，必须保证对钻机的各个部件进行灵活、可靠的控制。因而钻机的控制系统是整套钻机必不可少的组成部分，是钻机的中枢神经系统。钻机的控制系统按控制方式分为机械控制、气动控制、液压控制、电控制及综合控制等几种。目前，最常用的是气控制系统。

（一）钻井工艺对控制系统的要求

钻井工艺对控制系统的要求如下：

①控制要柔和、准确及安全可靠；

②操作要灵活方便，便于记忆；

③维修更换元件容易。

（二）钻机控制系统的作用

钻机控制系统的作用有：

①对柴油机、钻井绞车、转盘的启动、调速、停车的控制；

②对钻井绞车和转盘的旋转方向的控制；

③对钻井泵、气动小绞车、滚筒刹车、猫头的控制；

④对气动大钳、气动卡瓦、气动旋扣器等井口机械化工具的控制；

⑤对空气压缩机、发电机、防碰天车、井口防喷器等设备的控制。

（三）钻机气控制系统的特点

目前，在石油钻机尤其是在以柴油机作为动力的石油钻机上采用气控制系统具有以下优点：

①运行成本低。气控制系统的工作介质是空气，来源广，获取方便，使用后可直接排至大气中，无须使用回收装置。同时，气控制系统元件结构简单，容易实现标准化、系列化，制造容易，较少出现故障，维护简单，费用低。

②控制灵活可靠。空气黏度小、具有可压缩性、流动性好，所以管内流动压耗小，工作柔和，易于实现快速的直线往复运动、摆动和旋转运动，调速方便。

③工作环境适应性好。在易燃、易爆、多尘埃、强振动、潮湿和低温等恶劣场合下，适应性好，工作安全可靠。

当然，气控制系统也有缺点，如传动不够平稳均匀、传动效率低、工作压力不能太高、噪声大等，在使用中应该注意。

（四）气控制系统的组成

气控制系统主要由四部分组成，此处以转盘气控制流程为例进行说明。

①气源装置是将空气进行压缩，并对压缩空气进行干燥、净化处理，获得合格工作介质的装置。它将原动机（电动机、内燃机等）的机械性能转变为气体的压力能，由空气压缩机、储气罐、空气净化装置等组成。

②执行元件是将压缩气体的压力能转变为机械能的元件。由气缸、气马达以及离合器等组成。

③控制元件是用来控制压缩气体的压力、流量和流动方向，以便使执行机构完成预定运动规律的元件。由各种压力控制阀、流量控制阀、方向控制阀等组成。

④辅助元件是实现管路连接和其他辅助工作的元件。由气管线、低压报警器、旋转导气接头和消声器等组成。

二、气源装置

气源装置是为钻机气控制系统提供清洁、干燥且具有一定压力和流量的压缩空气的装置。气源装置一般由空气压缩机、空气处理装置和储气罐三部分组成。

（一）空气压缩机

空气压缩机是将机械能转换为气体压力能的装置。它的种类很多，按工作原理的不同分为容积式和速度式两大类。容积式压缩机是依靠工作容积的周期性变化来实现气体的增压和输送，包括往复式和回转式。活塞式压缩机和隔膜式压缩机均属往复式，其中活塞式压缩机是借助活塞在气缸内作往复运动而实现工作容积的周期性变化，如往复泵和活塞式压缩机等。回转式压缩机是借助于转子在缸内作往复运动来实现工作容积的周期性变化，如滑片压缩机、螺杆压缩机等。速度式压缩机是通过改变气体的流速，提高气体动能，然后将动能转化为压力能，来提高气体压力，包括叶片式（透平式）和喷射式，离心式、轴流式和混流式均属叶片式。目前，石油钻机中常用往复活塞式空气压缩机，而新型钻机大多为电动螺杆式压缩机。在现场，如果单独由电动机驱动则称为电动压风机，如果与钻机动力机组联动则称为自动压风机。

单缸活塞式空气压缩机的曲柄作回转运动，通过连杆和活塞杆带动气缸活塞作往复直线运动。当活塞向右运动时，气缸内工作室容积增大而形成局部真空，吸气阀打开，外界空气在大气压力作用下由吸气阀进入气缸腔内，此过程称为吸气过程；当活塞向左运动时，吸气阀关闭，随着活塞的左移，气缸工作室容积减小，缸内空气受到压缩而使压力升高，在压力达到足够高（克服排气阀弹簧弹力）时，排气阀被打开，压缩空气进入排气管内，此为排气过程。综上，由于活塞在气缸内的来回运动与气阀相应的开闭动作相配合，使缸内气体依次实现吸气、压缩、排气，不断循环，将低压气体升压而源源不断地输出。

（二）空气处理装置

空气本身会含有水分、灰尘等杂质，被吸入空压机后，与润滑油混合便形成了水、灰尘和油的混合体，会给气动设备带来不良影响。因此，必须进行除水干燥、除油、除尘等处理。常用空气处理装置有空气过滤器、冷却器、油水分离器、空气干燥器、除尘器等。

1. 空气过滤器

空气过滤器的作用是滤除空气中所含的液态水滴、固体粉尘颗粒以及其他杂质。过滤器一般由壳体和滤芯组成。空气进入过滤器后，由于旋风叶片的导向作用而产生强烈的旋转，混在气流中的大颗粒液滴和粉尘颗粒在离心作用下，被分离出来，沉到杯底，空气在通过滤芯的过程中被进一步净化。挡水板可防止气流的漩涡卷起存水杯中的积水。过滤器使用中要定期清洗和更换滤芯，否则将增加过滤阻力，降低过滤效果，甚至堵塞。

2. 冷却器

冷却器的作用是将高温压缩空气冷却并除去其中所含有的水分。它一般安装在空气压缩机出口管道上，按冷却方式分为水冷式和风冷式两种。为提高降温效果，安装时要注意冷却水和压缩空气的流动方向，并应符合压力容器要求。

3. 油水分离器

油水分离器的作用是利用离心循环或环形回转等，分离压缩空气中的水分

和油分，并及时排出，是压缩空气的初步处理装置。

4. 空气干燥器

空气干燥器的作用是进一步吸收和排出压缩空气中的水分和油分。主要有离心分离法、吸附法和冷冻法等。

5. 除尘器

除尘器的作用是除去压缩空气中的微小灰尘颗粒。它使压缩空气通过过滤材料，最终满足压缩空气清洁度的要求。

（三）储气罐

储气罐是储存压缩空气的容器。同时，还用来减小压力波动，调节输入气量与输出气量之间的不平衡状况，保证气压的稳定性和气流的连续性，进一步分离压缩空气中的水分、油分和其他杂质等。储气罐一般采用焊接结构，有立式和卧式两种。使用时，储气罐应附有安全阀、压力表和排污阀等附件。此外，应符合锅炉及压力容器的安全要求。

三、执行元件

执行元件是将压缩空气的压力能转换为机械能，驱动工作部件工作的装置，主要包括气缸、气动马达和离合器。

（一）气缸

气缸是输出往复直线运动或摆动的执行元件。气缸主要有活塞式和膜片式两种。

活塞式气缸可分为单作用、双作用和特殊作用等形式；膜片式气缸也可分为单作用和双作用两种。石油钻机中，气缸常用于滚筒刹车及柴油机油门控制等。

1. 单作用气缸

单作用气缸由缸体、活塞、活塞杆及弹簧组成。所谓单作用式气缸是指压缩空气仅在气缸的一端进气并推动活塞运动，而活塞的返回要借助于弹簧力等外力完成。适用于行程短及对活塞杆推力、运动速度要求不高的场合。如绞车上的刹车气缸，司钻通过操作调压阀使压缩空气进入刹车气缸，活塞推动连杆转动，刹车曲轴刹住绞车滚筒。

2. 膜片式气缸

膜片式气缸由缸体、膜片、膜盘和活塞杆等组成。所谓膜片式气缸是指气体压力作用在膜片上，通过膜片的变形来推动活塞缸作直线运动的气缸。其工作原理是通过控制阀使压缩空气从通气口进入缸体内部，作用在膜片上，在气体压力的作用下，通过弹簧座压缩弹簧使活塞杆运动，当停止供气后，在弹簧力作用下使活塞杆及膜片复位。薄膜式气缸的膜片可以做成盘形膜片和平膜片两种形式。膜片材料为夹织物橡胶、钢片或磷青铜片，常用厚度为 5 ~ 6 mm 的夹织物橡胶。在国外，钻机上柴油机的油门控制大多采用膜片式气缸。

此外，在石油钻机系统中还有用于猫头气缸的双作用气缸、三位气缸、八位气缸等特殊作用气缸。

（二）气动马达

气动马达是一种能连续旋转运动并输出扭矩的气动元件。它有多种类型，按工作原理可分为容积式和涡轮式，按结构可分为齿轮式、叶片式、活塞式、螺杆式和膜片式。在石油钻机系统中最常用的是叶片式和径向活塞式气动马达，主要用作气动旋扣器、启动柴油机及气动绞车的动力。

图 3–2 为 FM 型风动马达，其分为动力和传动两部分。动力部分包括转子、叶片、定子、上气盖、下气盖及壳体等零件；传动部分包括小齿轮、大齿轮、轴、活塞、棘轮套、轴套、复位弹簧、啮合弹簧、启动齿轮、气缸等零件。使用时，需在 A 口处装气控三位四通转阀。当工作时，压缩空气先由传动部分 C 口进入气缸，推动活塞下移，使启动齿轮与外部设备的大齿圈相啮合。此时，从 C 口进入的压缩空气通过 D 口排出后，进入气控三位四通转阀控制口，使主气路的压缩空气自 A 进入动力部分，推动叶片转动，带动转子旋转，通过小齿轮和大齿轮的啮合，最终将旋转运动传递给外部设备。当停止工作时，关闭 C 口气

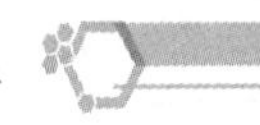

源，弹簧复位，活塞上移，气动齿轮离开外部设备的大齿圈，气控三位四通转阀立即关闭 A 口处主气路气源，气动马达停止工作。

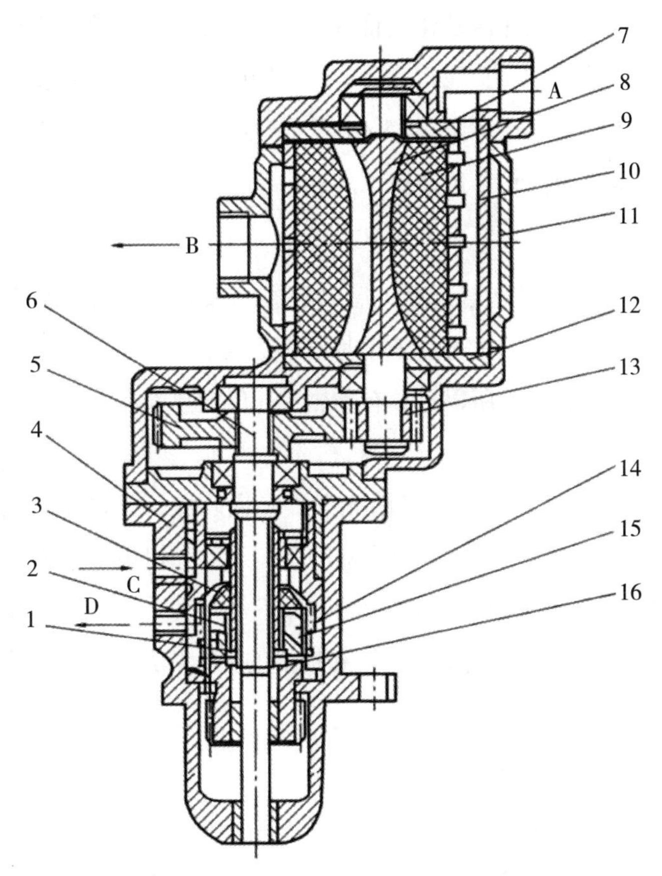

1- 棘轮套；2- 轴套；3- 活塞；4- 气缸；5- 大齿轮；6- 轴；7- 上气盖；8- 转子；9- 叶片；10- 定子；11- 壳体；12- 下气盖；13- 小齿轮；14- 复位弹簧；15- 啮合弹簧；16- 启动齿轮

图 3-2 FM 型风动马达

（三）离合器

气控制系统中的离合器为气动摩擦离合器，离合器在挂合时用于传递转矩，摘开时使主动件与被动件分离，切断动力。它可使工作机启动平稳，换挡方便，并有过载保护作用。一般分为 3 种，即普通型气胎离合器、通风型气胎离合器、气动盘式摩擦离合器。

1. 普通型气胎离合器

普通型气胎离合器的气胎是椭圆形断面的环形多层夹布橡胶胎。由于它要传递大的转矩，橡胶胎用热压硫化法将钢轮缘、管接头与气胎等所有构件在压膜内压制硫化成为整体结构。金属衬瓦通过圆柱销固定在气胎的内表面上，圆柱销成对地用铁丝缠在一起。当离合器工作时，气胎充气，气胎沿直径方向向内膨胀，于是摩擦片抱紧摩擦轮，传递扭矩。

2. 通风型气胎离合器

通风型气胎离合器是在普通型气胎离合器的基础上发展起来的，与普通型气胎离合器不同的是，气胎本身在工作时不承受扭矩。同时，由于在摩擦片和气胎之间装有散热传能装置，所以它具有隔热和通风散热性能好、挂合平稳、摘开迅速、寿命长等优点。

在离合器工作时，挂合后，气胎充气沿径向膨胀，推动扇形体压缩板簧，使摩擦片逐渐抱紧摩擦轮。这样，离合器的旋转运动和扭矩就直接通过钢圈、挡板、承扭杆经扇形体、摩擦片传到摩擦轮上而不经过气胎；当摘开时，随着气胎的放气，摩擦片在离心力、气胎的弹性和板簧的弹力作用下，迅速脱离摩擦轮，不再传递旋转运动和扭矩。

3. 气动盘式摩擦离合器

气动盘式摩擦离合器在国外应用较多，具有耗气量小、传递转矩大的特点。在离合器工作时，主动链轮旋转后，带动连接盘和内齿圈旋转，摩擦盘通过外齿和内齿圈相啮合，此时，被动轴不旋转；当压缩空气经过导气龙头、快速放气阀，进入胶皮隔膜左端时，胶皮膜向右膨胀推动齿盘与摩擦盘压紧，齿盘被带动旋转，而齿盘通过内齿与被动盘上的外齿相啮合，此时，被动轴被带动旋转。胶皮隔膜左端的压缩空气放空后，胶皮隔膜复原，摩擦盘与齿盘在弹簧作用下复位，则主动链轮与被动轴之间的动力又被切断。

四、气控制元件

气控制元件也称为控制阀，其作用是调节压缩空气的压力、流量、方向以

及发送信号，以保证气动执行元件按规定的程序动作。气控制元件按功能和作用不同可分为 3 大类，即压力控制阀、流量控制阀、方向控制阀。

（一）压力控制阀

压力控制阀是利用压缩空气作用在阀芯上的力和弹簧力相平衡的原理来控制压缩空气的压力，进而控制执行元件的动作顺序，即控制气体压力的阀。如调压阀、顺序阀、组合调压阀、调压继气器、稳压阀及安全阀等。

1. 调压阀

调压阀也称减压阀，它的作用是调节压缩空气的出口压力，控制进入离合器的气体压力的大小。它分为直动式和先导式两种，用于要求平稳启动和有选择压力的控制气路上，如转盘启动、绞车高低速启动、柴油机油门控制等。如将它和手柄、凸轮、手轮、踏板等配合，便可构成各种不同的调压阀，如手轮调压阀、脚踏调压阀等。

调压阀有调压弹簧、顶杆套弹簧和凡尔弹簧 3 个弹簧，上阀座和下阀座 2 个阀座和 1 个双球阀。上阀座由顶杆套弹簧支承，下阀座由调压弹簧支承。调压阀有 3 个气室，即气源气室 A、进排气气室 B 和调压气室 C。

调压阀的工作原理如图 3–3 所示。在空位时，上球座于上阀座上，隔断 A 室、B 室，下球离开下阀座，B 室、C 室通大气；当进气时，进气口接气源，操纵机构将上阀座压下，使球形阀下端球面关闭下阀座放气通孔。当上阀座继续下行，球形阀上端球面打开上阀座通孔，使气源由 A 室进入 B 室，同时经孔 D 进入 C 室。当操纵杆停在某一位置时，由于下阀座与调压弹簧相互压力平衡，B 室的上阀座通孔和下阀座的放气孔关闭。当气室 B 的压力低于开始调整的压力时，在调压弹簧的作用下，上阀座自动打开，直至恢复至开始时的调整压力。所以，B 室的压力大小，取决于操纵杆的下压程度。如图 3–3（a）、（b）所示。当排气时，松开操纵机构，上阀座在顶杆套弹簧的作用下向上移动复位。双球阀关闭 A 室与 B 室的进气通路，同时打开 B 室的放气通路，使 B 室通大气，将气放掉。如图 3–3（c）所示。

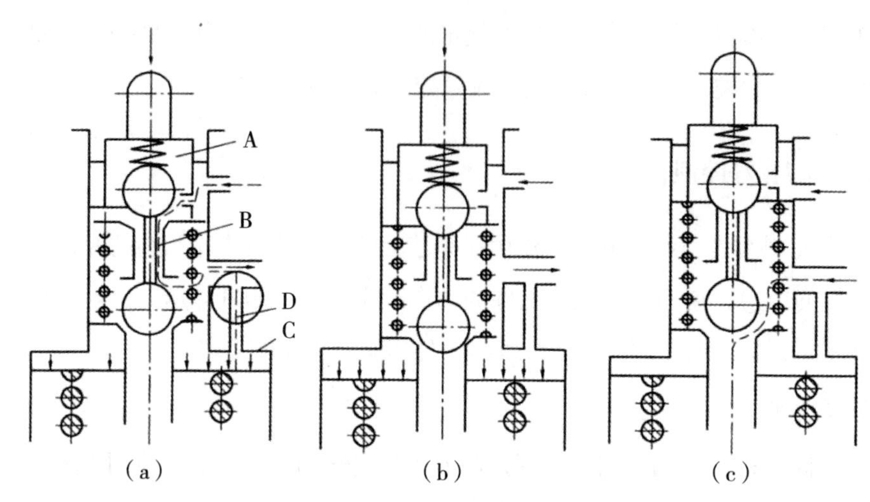

（a）调压进气时阀芯位置与气体流程；（b）保压时阀芯位置与气体流程；
（c）排气时阀芯位置与气体流程

图 3-3 调压阀工作原理图

2. 顺序阀

顺序阀是依靠气路压力来控制执行机构按顺序动作的压力阀。它依靠弹簧的预压缩量来控制其开启压力，与常开二位三通气控阀（两用继气器）配合使用，用以控制钻机上空气压缩机离合器的摘挂，实现空气压缩机自动启停。

顺序阀（压力调节阀）由阀、弹簧、调节套、顶杆、开启销等组成。

当气源管路内气压降至最低允许压力时，在弹簧力作用下，阀芯坐到阀座上，气源压缩空气停止流入，而出气口与丝套通道接通，即放气通路打开，使常开气控阀无控制气而处于常开状态，气源管路经二位三通阀向气胎离合器供气，离合器挂合，空压机工作。

当气源管路内气压升至最高允许压力时，在空气压力作用下，阀芯离开阀座，并将丝套封闭，即压缩空气经出口进入二位三通气控阀控制气室，空压机气胎离合器放气摘挂而停止工作。

（二）流量控制阀

流量控制阀是通过改变阀的节流面积或节流长度来调节压缩空气的流量，

进而控制执行元件运动速度，即控制气体流量的阀。主要包括节流阀、单向节流阀、排气节流阀和行程节流阀等。

节流阀由阀体、针形阀、球形阀等组成，调节针形阀的位置可以控制气体流量。

（三）方向控制阀

方向控制阀是用来控制压缩空气流动方向的阀，以满足执行元件启动、停止及运动方向的变换等工作要求。方向控制阀按功能分为单向阀、换向阀、多路阀、截止阀等。在钻机气控系统中，常见的有普通单向阀、梭阀、快速排气阀、二位三通转阀、二位三通气控阀等，其中普通单向阀、梭阀、快速排气阀属于单向阀，二位三通转阀、二位三通气控阀属于换向阀。单向阀主要用来控制压缩空气单方向流动，换向阀的作用是通过改变压缩空气通道，改变气流方向，进而改变执行元件运动方向。

1. 普通单向阀

当进气时，压缩空气将阀芯推开，即气路开通；随后，阀芯依靠自重、弹簧力作用及回流气体压力将进出气路关闭，即气路关闭。普通单向阀在钻机气控制系统中，常见于空压机和储气罐之间的管线上，用来防止空压机和储气罐之间压缩空气回流。

2. 梭阀

当需要两个输入口均能与输出口相通，而又不允许两个输入口相通时，就可以采用梭阀。梭阀由供气孔、送气孔、阀体、内阀、阀芯等构成。

3. 快速排气阀

快速排气阀多安装在转盘离合器、绞车离合器等设备就近位置的管线上，保证离合器可以快速放气，迅速摘开常挂合的离合器。

快速排气阀由外壳、导阀、阀芯等构成。

当离合器充气时，压缩空气推动阀芯并带动导阀向右移动，并与放气外壳贴合密封，堵住排气孔，压缩空气进入离合器。当用发令控制元件使通向离合器的气路管线与大气相通时，阀内左端压力小于右端压力，压缩空气推动阀芯并带动导阀向左移动，打开排气孔，使离合器中的压缩空气迅速排出。

4. 二位三通转阀

转阀是指通过转动阀芯来实现压缩空气通断或改变流向的方向控制阀。根据位置数和通路数，可分为二位三通、三位四通及三位五通等，其结构和工作原理大致相同。

5. 二位三通气控阀

二位三通气控阀也称为两用继气器，一般对于经常摘挂的离合器，若直接由发令元件向控制机构送气，则离合器在进气慢、压力低的情况下容易打滑，所以采用间接进气方式，即在管路中加装二位三通气控阀。

五、辅助元件

（一）导气龙头

1. 单向旋转导气接头

单向旋转导气接头用于连接不转动的供气管线和转动的轴，从而将压缩空气导入气离合器。其主要由转动部分——冲管、静止部分——外壳和端面密封部分构成。冲管与转动的轴头相连接并随之转动，密封盖在弹簧力的作用下与冲管端面贴合，形成一个相对运动的密封通道。

压缩空气通过导气接头盖上的孔进入轴中，流经冲管和轴内部通道到达离合器。密封圈、O 形圈和压圈用以保证旋转部分和不旋转部分之间的密封。

2. 双向旋转导气接头

双向旋转导气接头结构组成与单向旋转导气接头相似。与单向旋转导气接头不同的是有两个气道，第一个气道由冲管中间轴孔到达离合器；第二个气道由冲管的环形气道进入离合器。

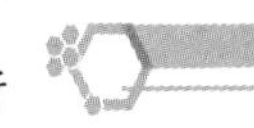

（二）酒精防凝器

此装置用于将酒精蒸汽混入压缩空气的水分中，而合成一种混合物，从而使其冰点显著降低，最低可达 -68℃，不同比例的乙二醇和水的冰点是不同的，可适用于低温地区。

（三）甘油防凝器

当压缩空气经过甘油防凝器时，其所含水分与雾化的甘油形成一种混合物，使其冰点降低。混合比例不同，冰点也不同，最低可达 -46.5℃。

六、钻机气控制系统的维护保养

（一）钻机气控制系统的常规维护保养

气控制系统及元件的故障会给钻井带来严重影响。定期的维护保养不但可以降低故障和事故出现的可能性，而且可以适当延长气动元件的使用寿命。因此维护、保养好钻机的气控制系统是很重要的，通常必须注意以下几个方面。

1. 按照规定定期对气控制系统进行维护和例行保养工作

对空压机、空气管线等设备和管线定期进行更换润滑油、皮带调整、压力调整、气量调节、例行保养、管线清洁、设备清理等工作，同时，要定期检查气控制系统。

2. 防止压缩空气的漏失

要想气控制系统正常工作，必须有一定数量和一定压力的压缩空气，否则会出现动作失误或出力不足等事故。所以，必须注意各气控元件以及管线接头等的密封情况。管线接通后，要试验各部分是否泄漏。在动力机停止运转时，不允许有空气的漏失声。停车后，挂合全部离合器，管线压力的下降应在允许的范围内，从而保证气控制系统的工作压力在规定范围内。

3. 注意管道的清洁

污物、杂质进入气管会使阀件失灵，因此，钻机搬迁时，必须保护好拆开的管路接头，金属管线的敞口均需要用软木塞堵死，防止任何异物从管线连接端口进入管线内部。

当发现气控阀件工作失灵时，一定要查明原因并正确处理，严禁盲目地拆修。气控阀件的失灵原因很多，包括阀件本身有问题、气路管线堵塞或气压力太小（气源压力低，管线漏气严重）等，所以要分段检查。方法：由控制阀、控制管线至遥控阀件，分段打开气接头，检查通气情况。如控制气路畅通，再检查工作气路是否畅通，方法：先将阀的出气口管线脱开，检查通气情况，如不通畅，还得检查阀的进气管线的气源是否堵塞，如畅通，则证明阀件有问题，方可打开阀件进行检查。如有备用阀件，先换上使用，查清换下来阀件的毛病。

4. 冬季施工注意事项

冬季施工应确保气体干燥无杂质，要按规定及时排放水和更换干燥剂，以防管路和阀件冻结、失灵等。在储气罐和油水分离器的底部应有放水阀，并按规定放水。

此外，防碰天车装置必须每班进行检查，更换防喷天车绳后应对防碰天车装置进行调整，使用高低速、转盘、钻井泵离合器时，应注意气压表的压力指示。

（二）钻机高、低速气路的检查及处理措施

钻机高、低速气路的检查步骤大致相同，此处以大庆Ⅱ-130 为例说明钻机高、低速气路的检查操作步骤。

1. 高、低速气开关的故障检查与更换

（1）检查

①互锁装置是否失效，圆柱销是否磨损。

②气开关是否有漏气现象，滑阀端面是否有油污。

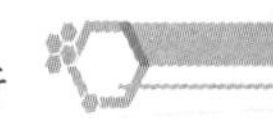

(2) 更换

①更换圆柱销。

②清洗滑阀端面的油污。

③高低速气开关的拆装步骤：关闭气源总开关；卸开旧高、低速开关的气管线接头和固定螺钉；取下旧的高、低速气开关；装上新的高、低速气开关；连接气管线接头并上紧固定螺钉；打开总气源开关；检查新气开关的进、放气情况；清理所用工具设备。

(3) 技术要求

①气开关互锁装置失效后要立即更换。

②高、低速气开关拆卸前首先关闭气源。

③安装好新开关检查无误后，方能打开气源开关。

2. 两用继气器的检查与拆卸

(1) 检查

①继气器是否漏气。

②继气器放气孔的放气情况。

(2) 拆卸

①用台钳将继气器夹紧。

②用活动扳手拧卸控制气口端部的阀盖，检查阀盖上的 O 形橡胶密封圈。

③从阀体内取出内、外阀总成，检查内、外阀座上的两道 O 形橡胶密封圈及内外阀座的磨损情况。

④用活动扳手和平口螺丝刀卸掉阀座总成的固定螺帽，取出垫片和阀门（绝缘型）。

⑤取出卡簧，检查卡簧内的阀座。

⑥抽出平衡套杆及阀座，检查 O 形橡胶密封圈及平衡套复位弹簧。

⑦取出导套，检查导套孔有无堵塞。

⑧清洗内、外阀总成及附件并保养。

⑨检查无误后按与拆卸相反的顺序进行组装。

⑩组装好后再次检查漏气及放气情况。

（3）技术要求

①注意不要碰坏继气器内的 O 形橡胶密封圈。

②导套总成不能装反。

③注意内、外阀的组装顺序。

3. 导气龙头的故障判断及原因分析

①故障现象：漏气；温度过高。

②原因分析：O 形橡胶密封圈损坏，要更换；壳体内部缺油，及时注润滑油。

③技术要求：形橡胶密封圈要完好；导气龙头不要装反。

4. 高、低速离合器不放气或放气慢的原因及检查

①检查顺序。总气源开关—高低速气开关—常闭继气器—快速放气阀—导气龙头—高低速离合器气囊。

②检查步骤。高、低速气开关分别合上时，离合器气囊被充气，关闭气开关后，管线及气囊中的气体是分段排出，按以下步骤检查：气开关至常闭继气器管线中的压缩空气是由气开关壳体上的排气孔排出的，用手贴在放气孔上，若没有气流排出或气流较小，说明气开关内的阀组件损坏，要检修或更换；常闭继气器至快速放气阀管线中的压缩气体是由常闭继气器的放气孔排出的，用手靠在继气器的放气孔上，如果感到无气流或气流很小，说明继气器阀芯有阻卡现象，要检修或更换；快速放气阀至离合器气囊中的压缩空气是由快速放气阀排出的，如果快速放气阀放气不响亮，则说明快速放气阀阀芯已坏，要立即检修或更换。

5. 技术要求

①检查气路时必须切断绞车动力。

②更换阀件时必须使用与之型号相符的阀件。

③各密封螺纹要拧紧，不得有松动和漏气现象。

④拆装气阀件时要切断电源。

⑤拆装时要保护好气管线，以防气管线损坏漏气。

（三）转盘离合器气路故障的判断及排除

1. 检查顺序

三通旋塞阀—转盘气开关—常闭继气器快速放气阀—导气龙头—转盘离合器。

2. 调压阀的故障判断与排除

（1）故障检查

①漏气情况。

②不能进气或放气。

③手柄扳动不灵活。

④气路控制失灵。

（2）排除方案

①阀座磨损、O 形密封圈损坏，需更换。

②阀下钢球脱落，更换阀总成。

③定位螺钉顶住活塞，间隙小，需调节。

④阀弹簧坏，阀座卡死，更换或清洗。

3. 转盘离合器气囊的拆检步骤

①停绞车，关闭总气阀门。

②卸开转盘离合器护罩，用气动小绞车将其吊放在安全地点。

③拆开气管线和导气龙头总成。

④拆下离合器转盘螺栓和两气囊中间隔环连接螺栓，做好标记，记住平衡块的位置。

⑤用榔头将托盘、隔环敲开，然后用气动小绞车吊住托盘，用榔头慢慢敲开，吊放在合适的位置。

⑥依次将两气囊、隔环吊下，放到安全位置。

⑦从钢圈上拆下坏气囊，装上组装好的新气囊。

⑧将装好的新气囊、隔环按次序套在摩擦毂上，按标记先把托盘对正位置，

拧紧固定螺栓。

⑨对正托盘的气囊，穿螺栓紧固；对正隔环和另一气囊，穿螺栓紧固。

⑩接导气龙头连接气管线。

⑪通气试气囊，放气后，摩擦片与摩擦毂的间隙为 3.5 mm；挂合绞车，试运转。

⑫调整合格后装上护罩，清理好工具及现场。

4. 技术要求

①拆检转盘离合器气囊前，一定要切断电源。

②转盘试运转操作手柄时，要缓慢挂合，使转盘平稳启动。

（四）液气大钳气路系统常见故障的判断及排除

液气大钳的一些故障往往是由液气大钳气路系统和液压系统引起的，所以对液气大钳气路故障分析时应考虑到液压系统。液气大钳气路系统常见故障及排除措施如下。

1. 高挡压力上不去

（1）故障原因

①高挡气胎内落入了油，抱不住。

②液压系统的原因（上螺纹溢流阀出现故障）。

（2）排除措施

①清除气胎摩擦片上的油。

②调整或更换溢流阀。

2. 低挡压力上不去（螺纹卸不开）

（1）故障原因

①低挡气胎摩擦片磨损严重，抱不住。

②低挡气胎摩擦片沾有油污。

③低挡气囊分离不清。

④大刹带太松。

(2) 排除措施

①更换低挡摩擦片。

②清除油污。

③油量不够，加油。

④调整大刹带的松紧度。

3. 高挡空转（压力不高）

(1) 故障原因

①大刹带太紧。

②润滑不好。

(2) 排除措施

①适当调节大刹带长度。

②加强润滑工作。

4. 有高挡无低挡或有低挡无高挡

(1) 故障原因

①气管线刺漏。

②双向阀滑盘脏污或磨损造成气阀漏气。

③ $\phi 300 \times 100$ mm 气胎离合器气囊漏气。

④气胎离合器摩擦片磨损严重。

⑤快速放气阀漏气。

(2) 排除措施

①更换气管线。

②将漏气的气阀拆下清洗，研磨滑盘或更换新阀。

③更换气胎离合器的气囊。

④更换摩擦片。

⑤更换快速放气阀的阀芯。

5. 换挡不迅速

（1）故障原因

①快速放气阀堵塞。

②气胎离合器摩擦片和内齿圈间隙太小，分离不彻底。

（2）排除措施

①清洗或更换快速放气阀。

②调整间隙值。

6. 移送气缸、夹紧气缸的减气

（1）故障原因

①气缸盖单边压紧。

②密封接触面有划毛现象。

③密封圈、活塞皮碗变形、拧扭，密封圈唇边损伤，正常磨损。

（2）排除措施

①调整缸盖上的螺栓至均匀紧固状态。

②线状摩擦伤痕，可用油石、砂轮修磨，较深（大于 1 mm）时，要立即更换。

③更换新的气缸。

7. 气缸活塞杆螺纹冲坏

（1）故障原因

①冲程大，使活塞与缸盖相碰击。

②活塞杆弯曲。

③安装不符合要求。

（2）排除措施

①调整活塞杆与导向套的配合精度。

②更换各种橡胶密封件。

③调整重新安装。

8. 技术要求

①检查前要正确启动液气大钳，协调液气大钳各部分之间的操作（主要包括打开气管线阀门、启动油泵、做好各方面检查等）。

②操纵移送气缸双向气阀时要将大钳平稳送至井口和离开井口。

③根据上螺纹需要，高、低挡的双向气阀应转到相应位置，使用中不可停车。

④操纵夹紧气缸时，双向气阀移到工作位置的相反位置，使大钳恢复零位对准缺口。

⑤移送气缸、夹紧气缸操作完后需用清水清洗，活塞杆用棉纱擦干，涂抹一层黄油，伸出部分全部收入缸筒内。

第四章

机械采油设备探析

第一节　游梁式抽油机

一、常规型游梁式抽油机

游梁式抽油机是最古老、应用最广泛的一种抽油机。其工作可靠、坚实，使用和维修方便，并且在常规型基础上发展了多种型式。它的作用是通过减速箱、曲柄连杆或其他杆件机构等，将动力机的旋转运动变为抽油杆和抽油泵的往复运动，实现抽油泵的吸油和排油过程，并悬挂抽油杆，承受荷重。

常规型游梁式抽油机主要由动力机、齿轮减速箱、曲柄、平衡块、连杆、游梁、支架和驴头等组成。驴头上装有钢丝绳悬绳器，通过光杆夹和吊环与光杆连接在一起。光杆通过井口密封盒与油管内的抽油杆相连。

我国常规型游梁式抽油机已经标准化，可以用代号、规格代号和型号表示。按照石油行业标准 SY/T 5044—2003 规定，代号包括类别代号、平衡方式代号和齿形代号 3 种。

抽油机类别代号：CYJ 表示常规型游梁式抽油机；CYJQ 表示前置型游梁式抽油机；CYJY 表示异相型游梁式抽油机；CYJS 表示双驴头型游梁式抽油机。

平衡方式代号：Y 为游梁平衡，即在游梁上加平衡重；B 为曲柄平衡，即在曲柄上加平衡重；F 为复合平衡，即同时用两种以上（含两种）方式；Q 为气动

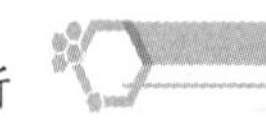

平衡，即用气缸平衡。

齿形代号：H 代表点啮合双圆弧齿形；无 H 标记代表渐开线齿形。

抽油机规格代号：由额定悬点载荷、光杆最大冲程、减速器额定扭矩的数值排列组合而成。例如，额定载荷为 80 kN、光杆最大冲程为 3 m、减速器额定扭矩为 37 kN·m 的抽油机的规格代号为 8–3–37。

我国抽油机和其他石油钻采设备正逐步进入国际市场，因而出现了我国抽油机标准逐渐与国际标准或国际上常用标准靠拢的趋势。具体来说，就是使抽油机的悬点载荷 P、减速器最大扭矩 M 和光杆最大冲程 S 这三个主要参数尽可能接近美国的 API 标准。该标准以 1 个英文字头和 3 个数字表示。英文字头表示抽油机的类型:A 为空气平衡式,B 为游梁平衡式,C 为普通式。三个数字自左至右依次是:减速器最大扭矩 M 值，单位为 1000 lb·in ；光杆额定载荷 P，单位为 100 lb ；最大冲程长度 S，单位为 in。例如，C228–200–74 型抽油机表示其为普通型，减速器最大扭矩为 228000 lb·in，光杆额定载荷为 20000 lb，最大冲程长度为 74 in。

我国兰州通用机器厂和兰州石油化工机器厂等生产的部分抽油机采用了类似 API 标准的表示方法。例如 160H–200B–64（19H–9.1B1.6），括号外为英制，类似 API 标准，H 表示圆弧齿轮减速器，B 表示曲柄平衡；括号内为公制，表示减速器额定扭矩约为 18.5 kN·m，最大悬点载荷为 91 kN，光杆最大冲程长度为 1.625 m。

根据基本参数的大小，游梁式抽油机可分为若干类：

①按驴头最大悬点载荷，可分为轻型（$P_{max} < 30$ kN）、中型（30 kN $\leqslant P_{max} <$ 100 kN）和重型（$P_{max} \geqslant 100$ kN）三类。驴头悬点最大载荷取决于抽油杆和油柱的重量，反映了一定的抽油杆和抽油泵组合情况下允许的下泵深度。

驴头悬点载荷取决于下述因素。

a. 抽油杆柱的重量 P_r。作用方向向下，$P_r = \rho_r g f_r L$，其中 L 为抽油杆长度或下泵深度，ρ_r 为材料密度，g 为重力加速度，f_r 为抽油杆截面积。

b. 油管内抽油泵柱塞以上油柱重量 P_{ou}。作用方向向下，$P_{ou} = \rho_o g(F - f_r)L$，其中 ρ_o 为原油密度，F 为抽油泵柱塞截面积。

c. 油管外油柱对柱塞下端的压力 P_{od}。作用方向向上，$P_{od}=\rho_o ghF$，其中 h 为抽油泵的沉没高度。

d. 抽油杆柱和油柱运动所产生的惯性载荷 P_{ri} 和 P_{oi}。大小与悬点的加速度成正比，作用方向与加速度方向相反。

e. 抽油杆柱和油柱运动所产生的振动载荷 P_v。大小和方向也是变化的。

f. 摩擦力 P_{fs} 和 P_{ff}。柱塞与泵筒间、抽油杆（接箍）与油管间的半干摩擦力 P_{fs}，以及抽油杆与油柱间、油柱与油管间和油流通过泵游动阀产生的液体摩擦力 P_{ff}，占总载荷的 2% ~ 5%，一般不考虑。

国家对游梁式抽油机的标准给出了悬点载荷的推荐计算公式，可以根据具体情况进行计算。

②按光杆最大冲程长度，可分为短冲程（$S_{max}\leqslant 1$ m）、中等冲程（1 m $\leqslant S_{max}<3$ m）、长冲程（3 m $\leqslant S_{max}<6$ m）和超长冲程（$S_{max}\geqslant 6$ m）四类。冲程长度的大小直接影响采油产量和抽油机重量。

③按最大冲次，可分为低冲次（$n_{max}\leqslant 6$ 次 /min）、中等冲次（6 次 /min $<n_{max}<$ 15 次 /min）和高冲次（$n_{max}\geqslant 15$ 次 /min）三类。当抽油泵的泵径一定时，采油产量取决于 S_{max} 和 n_{max}。

④按减速箱曲柄轴最大输出扭矩，可分为小扭矩（$M_{max}\leqslant 10$ kN·m）、中等扭矩（10 kN·m $<M_{max}<30$ kN·m）、大扭矩（30 kN·m $\leqslant M_{max}<60$ kN·m）和超大扭矩（$M_{max}\geqslant 60$ kN·m）四类。通常扭矩随悬点载荷和冲程长度的增加而增加。

此外，抽油机的功率由冲程次数和扭矩的乘积决定，因此也可以根据所需的最大功率 N_{max}，将抽油机分为小功率（$N_{max}\leqslant 5$ kW）、中等功率（5 kW $<N_{max}<25$ kW）、大功率（25 kW $\leqslant N_{max}<100$ kW）和超大功率（$N_{max}\geqslant 100$kW）四类。

抽油机工作时，在上、下冲程中，电动机所承受的载荷相差很大。上冲程时，驴头悬点静载荷主要是抽油泵柱塞以上的液柱重量与抽油杆重量之和，提起这部分重量时电动机需要做很大的功；而下冲程时，液柱重量转移到固定阀上，驴头仅承受抽油杆的重量，电动机不仅无须做功，反而由于抽油杆靠自重下

落，使电动机处于发电机状态。因此，在上、下冲程中，电动机的负载是极不均匀的，加上悬点运动速度和加速度的变化，更加剧了这种不均匀性，结果是使抽油机振动加剧，电机、减速箱、抽油泵等效率降低，寿命缩短，抽油杆断裂现象增加，能耗过多。因此，所有抽油机—抽油泵装置中都必须采取平衡措施，尽可能消除负功，使电动机等在上、下冲程中的负载接近相等，以免上述不良现象的发生。

目前的抽油机主要采用机械平衡和气动平衡两种平衡方式。根据平衡重装设的位置，机械平衡又分为游梁平衡（平衡重装在游梁尾端）、曲柄平衡（平衡重装在曲柄上）、复合平衡（游梁平衡和曲柄平衡同时采用）。改变平衡重量或平衡重的位置可以调节平衡的效果。当驴头作下冲程运动时，平衡重在抽油杆自重和电动机的带动下由低处抬到高处，将能量以位能形式储存起来；当驴头做上冲程运动时，平衡重由高处下落，释放出能量，帮助电动机提起抽油杆及柱塞上部的液柱。这样，只要平衡重配置合理，既可以消除下冲程时电动机做负功的现象，又可以减少上冲程时电机的能量消耗，使上、下冲程中电动机做功接近相等。

气动平衡是利用气体的可压缩性，使上、下冲程时电动机做功接近相等。下冲程时，抽油杆自重和电动机带动气缸活塞压缩气体，将能量以压能的形式储存起来；上冲程时，气体膨胀推动活塞，帮助电动机提起抽油杆柱及柱塞上部的液柱。对于一定的气缸活塞面积，只要气体压力合适，同样可以达到平衡电动机做功的目的。这种平衡方式大多应用在链条抽油机、液压抽油机上，在游梁式抽油机中也有应用。

经过平衡调整后的抽油机是否较好地达到了平衡要求，应通过实际观察和检测来确定。一般来说，平衡较好的抽油机容易启动，无“呜呜”的怪叫声；突然停止运转时，驴头和曲柄可以停留在任何位置；用秒表测得的上、下冲程时间相近。与此不同的是，如果平衡偏重，驴头总是停在上死点，曲柄指下方，且上行程速度大于下行程速度；如果平衡重偏轻，则出现相反的情况。现场常用安培表测量电动机三相电流强度。平衡良好的抽油机，驴头上、下行程时电动机电流强度相近。若上冲程电流大于下冲程电流，表明平衡重偏轻或曲柄平衡半径 R 偏小；反之，则表明平衡重偏重或曲柄平衡半径 R 偏大。实际上，要使上、下冲程中电流完全相等是很困难的。现场一般认为，当最小电流与最大电流的比值大于70% 时，抽油机就基本平衡。

二、前置式游梁式抽油机

它的特点是横梁紧靠驴头，支架与游梁连接处紧靠尾部，减速器和平衡块等置于支架的前方。前置式抽油机除具有工作可靠、坚实及维修简便等优点外，还有一些独特之处：

（一）平衡效果好

同一种规格的抽油机，前置式的实际净扭矩均是正值，变化比较平缓，而常规式的净扭矩则出现正、负值，变化幅度大。因此，前置式抽油机运行比较平稳，减速齿轮无反向载荷，连杆、游梁等不易疲劳损坏，机械磨损少，噪音小，整机寿命较长。

（二）光杆最大载荷减小

前置式抽油机的简化模型是曲柄摇杆机构，存在极位角，使得上冲程曲柄转角大于下冲程曲柄转角。上冲程时，曲柄约旋转 195°，下冲程时约旋转 165°，上、下冲程时间差约为上冲程的 15.4%。而常规式抽油机由于结构限制，上冲程时曲柄约旋转 182.5°，下冲程时约旋转 177.5°，上、下冲程所占的时间几乎相等。由于光杆运动加速度与运动时间的平方成反比，上冲程时间长的前置式抽油机的光杆加速度较小，故惯性载荷减小。计算和测定表明，前置式抽油机可使光杆加速度减少 40%，光杆最大载荷减小 10%，从而使抽油杆断杆事故减少，寿命延长。

（三）节能效果好

前置式抽油机曲柄平衡重与连杆曲柄销之间对称设置，并存在极位角，若平衡重配置适当，抽油机上冲程运动开始时平衡重产生的平衡扭矩比油井载荷扭

矩“滞后”$\lambda/2$，约 7.5°；而下冲程开始时比油井载荷扭矩“超前”约 7.5°。这样，抽油机的工作系统能够达到较佳的均衡扭矩。据实际测定，这一均衡扭矩的特点使得同一等级的前置式抽油机减速器的净输出扭矩减少 35% 左右。因此，与同等级的常规式抽油机相比，前置式抽油机所配备的电动机一般可减小 20% 的功率。如以相同挂泵深度下油井每耗电 1 kW·h 的出油量相比，前置式抽油机比常规式约节约能耗 35% 左右。

三、异相曲柄抽油机

全称为后置式异相曲柄平衡 I 类杆系抽油机（Rear Mounted Geometry Class I Lever Systems with Phased Crank Counter Balance）。它与常规抽油机的主要区别在于：曲柄销孔轴线与曲柄自身轴线之间有偏离角 τ，反映在外观上，曲柄有一个明显的凸起；减速器明显后移，其输出轴中心线至游梁支承架中心线的水平距离加大，曲柄远离井口；曲柄上标有箭头，指明曲柄只能朝井口方向旋转；当游梁处于水平位置时，曲柄也基本上处于水平状态，连杆与二者接近垂直，且在整个上行程中几乎始终保持 90°。

异相曲柄抽油机的主要优点是：

①由于曲柄连杆臂与游梁间的夹角 β 在上行程中几乎保持 90°，加大了力臂，减少了连杆拉力，从而使减速器输出的最大净扭矩比常规式的减少 40% ~ 60%，因此在相同条件下配用的减速箱和电动机可以降低 1 ~ 2 个等级，减少了动力消耗；异相曲柄抽油机上冲程时扭矩峰值减小，下冲程时扭矩峰增大，使扭矩变化幅度变小。

②由于有曲柄偏移角，平衡重可发挥类似前置式抽油机的“均衡扭矩”作用，使上冲程曲柄转角增大约 12°，达到 192°，即上冲程时移动同样距离，时间却延长，加速度减小，动载下降，从而使光杆载荷减小，有利于减小振动和延长机、杆、泵的使用寿命。

③曲柄远离井口，井口操作范围扩大。

④异相曲柄抽油机结构与常规式抽油机相差不大，有利于常规式抽油机的技

术改造。

异相曲柄抽油机的缺点：由于减速器后移，使底座加长，制造困难；两个曲柄不能通用，增加了制造工作量；曲柄只能单一方向旋转且与常规式转向相反，否则性能变坏。此外，尽管曲柄偏角越大，净扭矩越小，但偏移角越大，制造越不方便，曲柄臂越短，销孔间距越难以得到保证，甚至可能使上、下冲程净扭矩大小颠倒，这是不允许的。

第二节　无游梁式抽油机

一、链条抽油机

链条抽油机是我国独创的一种无游梁式抽油机，具有惯性载荷小、冲程长度大、重量轻、节省电能等优点，已在许多油田应用。LCJ-5-4 型链条抽油机由传动部分、换向部分、平衡部分、悬吊部分和机架等五部分组成。

链条抽油机的主要特点是采用了轨迹链条的换向机构。轨迹链条上有一个特殊的链节，其上装有向外伸出的主轴销和滑块。主轴销可在滑块的铜套中转动，滑块与往返架相连，并可在其中作水平滑动。工作时，电动机通过三角皮带和减速箱驱动主动链轮旋转，使得垂直布置的环形轨迹链条在主、被动链轮（主、被动链轮齿数相等，垂直布置）之间运转；轨迹链条则通过特殊链节上的主轴销和滑块带动往返架顺着机架上的轨道作往复匀速直线运动；若特殊链节自链轮右边向下运动，往返架被拉向下，达极限位置时，特殊链节作复合运动，并绕过链轮，到达链轮的左边，进而带动往返架一起向上运动；达上极限位置后，特殊链节又绕过上链轮到达右边，再带动往返架向下；往返架的上横梁连接着绕过天车轮的钢丝绳，通过悬绳器与光杆带动抽油泵。

链条抽油机采用气动平衡法，即在往返架的下横梁上连接着一根平衡链条，链条绕过固定于气缸柱塞杆上的平衡链轮，再固定到机架上。当往返架上行时，

抽油杆柱靠自重下落，促使柱塞上行并压缩气包内的气体，使压力增高，储存能量；当往返架下行时，抽油杆柱向上，气包内的压缩气体膨胀，推动柱塞下行，帮助提起抽油杆柱。这样，抽油机作往复运动时，电动机的负载就比较均匀。

目前使用的各种长冲程抽油机中，链条式抽油机的工作效率最高，而且行程越长，效率越高。与同类型游梁式抽油机相比，国内应用最广泛的 LCJ12–5 型链条抽油机的泵效可提高 10% ~ 20%，延长作业周期 2 倍以上，节电 30% ~ 50%。但这种抽油机可靠性差，经常出现断钢丝绳、断链条、断特殊链节和主轴销以及气平衡系统漏气等情况，导致严重不平衡的三断一漏问题，平均无故障大修时间仅为半年。据此，胜利石油管理局总机械厂研制出了一种保证延长大修周期而价格与同型号游梁机相近的 LPJ12 型链条胶带抽油机。新机型采用由合成纤维和人造橡胶粘结而成的、具有很高弹性模量的柔性胶带，以替代钢丝绳；采用纯机械平衡解决了气平衡失效问题；采用新型导轨设计，将 4 个导向轮增加到 12 个，最关键的是保证导向轮处于良好的转动状态而不是滑动状态，等等。这些改进解决了普通链条机的三断一漏问题，设计目标为 5 年不大修。

根据链条抽油机的设计思路，我国研究人员又提出了一种称为“曲柄链条滑轮式长冲程抽油机”的新型设计。它的工作原理是：电动机经三角皮带和齿轮减速箱减速后，使曲柄的转数与悬点的冲次相同，再通过曲柄、连杆、安装有平衡重的导向小车和机架组成的曲柄滑块机构，将曲柄的旋转运动变为小车（滑块）的往复直线运动。小车上铰接多排链轮（动滑轮）。盘绕该链轮的多排链条的一端固定，另一端与钢丝绳的右端连接。钢丝绳绕过天轮后通过悬绳器连接光杆。这样在无急回运动的情况下，导向小车位移是曲柄长度的 2 倍，而抽油光杆的冲程又是导向小车位移的 2 倍。通常，曲柄最大长度为 1.25 m，故抽油光杆的冲程可达 5 m。如果将减速器输出轴中心偏离导向小车中心线一定距离，还可获得急回运动，以满足慢提快放节省动力或快提慢放开采稠油的要求，并且可略微增大冲程。

二、长环形齿条抽油机

长环形齿条抽油机有一个由长环形齿条和平衡滑块组成的特殊部件，平衡滑块内部加工有环形导向槽。与长环形齿条固定在一起的平衡滑块上，4 个角均由相互垂直的两组扶正滚轮约束，只能在抽油机机身内作上下往复运动；电机输出的旋转运动经过皮带传动到减速器，在减速器输出轴带动下，小齿轮在作旋转运动的同时，还可以与减速器、导向轮一起沿着固定在机身上的水平轨道做横向平动；直径稍大导向轮与小齿轮同轴安装，可以自由转动，但受平衡滑块内部环形导向槽的约束。这样，在导向轮和导向槽的约束下，小齿轮与长环形齿条能够始终保持良好的啮合。假定小齿轮在长环形齿条上自左向右运动，自身又按顺时针旋转，则在左半环内滑块向下运动，右半环内滑块向上运动，从而使滑块上下往复运动。通过悬挂装置及悬重皮带等带动抽油杆，即可实现抽油作业。

长环形齿条抽油机是一项发明创造，结构新颖，设计巧妙，主要体现在以下几个方面。

①实现了小齿轮在长环形齿条两边的连续啮合运转和动力传递。主要措施包括：导轮在环形导向槽内的运动轨迹严格控制着小齿轮的运行轨迹，并保持与长环形齿条的良好啮合；有固定在机身上的横向水平轨道，为小齿轮在长环形齿条的上端和下端半圆形部分做啮合运动的同时，做横向平动给出了自由度；驱动小齿轮的摆线针轮减速器固定在安装有 4 个水平滚轮和 4 个垂直滚轮的座架上，可以随小齿轮和导向轮一起做横向平动，减速器固定在有 4 个水平滚轮和 4 个垂直滚轮的座架上，也随着小齿轮做横向水平的间歇往复运动；减速器的一端通过很长的柔性皮带传动输入动力，使得横向平动成为可能，因为在长度为 5 m 以上的皮带轮之间，距离不大的横向水平运动，其中心距只有微小的变动，并不影响动力传输。

②由平衡滑块基座、长环形齿条、导向槽、四组大小扶正轮等组成的平衡滑块总成不仅是实现往复运动所必需的构件，也是抽油机平衡配重的主要组成部分，可根据油井的情况免加或少加配重。

③利用小齿轮与长环形齿条的啮合将旋转运动变为直线往复运动，使抽油杆在上下冲程的大部分范围内都做匀速运动，其本身又具有很大的减速比，简化了传动系统对减速器的要求。

在长环形齿条抽油机中，小齿轮是主动齿轮，工作中，在齿条的上下半圆

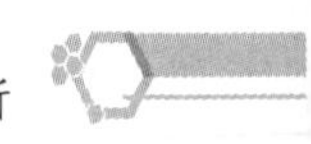

弧内运动时，既要保持转动，又要做横向水平移动。它的安装轴系既要传递很大的力矩，又要承受平衡滑块系统的重力及由此形成的力矩，受力和运动状况十分复杂。为了确保齿轮齿条运动的准确度和平稳性，必须保证横向水平运动机构的定位精度。

长环形齿条抽油机是胜利油田又一项具有原创性和集成创新的自主知识产权成果。

三、直线电机抽油机

游梁式抽油机存在体积大、精度差等问题，其传动系统能量损失高达28%，加上旋转特性造成启动扭矩大，系统效率一般不超过30%。为此，我国科技工作者广泛深入地开展了直线电机抽油机的研究，取得了十分显著的成果，近年来已经开发出多种先进的直线电机抽油机产品。

直线电机是一种利用电能产生直线运动的电机，它可以直接驱动机械负载做直线运动，取消了从电机到工作台的一切中间环节，将工作台进给传动链的长度缩短为零，即“零传动”或“直接传动”。直线电机可看作将一台旋转电机沿径向剖开，并将电机的圆周展成直线，但直线电机与旋转电机又有很大不同，直线电机的铁心是长直的、两端开断的。直接将直线电机的初级固定或支撑在井口，作为电机的定子，将电机的杆状动子作为次级，与悬点相连，当电源接通时动子即可作上、下往复运动。滑轮挂—平衡块用于平衡上、下冲程。

直线电机可实现无接触传递力，没有机械损耗，结构简单，工作稳定，寿命长，容易密封，不怕污染，适应性强，推力体积比大，可达到位移的高精度控制，其灵敏度高，随动性好，有精密定位和自锁的能力。

大功率低频变频器的研究开发和永磁材料的发展使直线电机在抽油机中的应用成为可能。

直线电机抽油机具有作业方便、整机结构简单、启动电流低、高运行稳定、占地小、噪声低、运行维护费用低、运动轨迹合理、节能效果可达45%等优点。抽油机还具有上快下慢、上慢下快、上下同速和换向时停滞间抽四种运动模式。

直线电机抽油机将电能直接转变为直线往复运动，不但提高了效率，而且实现了抽汲参数无级调整，进而能根据采油的需要调整悬点运动规律。

直线电机抽油机的工作原理（按静载荷论述）：上冲程光杆载荷为抽油杆重量加上液柱载荷，而平衡重（为抽油杆柱重加上二分之一液柱载荷）呈自由落体下行做功，此时动子下行拉力只有二分之一液柱载荷；当光杆下行时光杆载荷为抽油杆重量，呈自由落体下行做功，而动子拉动平衡箱上行，此时动子上行力仍是二分之一液柱载荷。这种抽油机采用的是天平式平衡，没有旋转运动，平衡效果好，抽油机运行平稳。目前，国内已经有多种型式的直线电机抽油机问世，并在试验和应用中不断改进完善。

（一）直线电机智能抽油机

世界上第一台直线电机智能抽油机在大港油田完成研发和性能测试工作。该抽油机以直线电机为动力，直接带动抽油杆柱作上下往复运动，实现原油举升，没有中间减速、换向环节，并利用智能控制器和同步机专用变频器实现抽油机的启停、换向、变速、冲程冲次调整、抽油杆断脱自动保护、自动调整最佳工作制度等功能。与其他类型的抽油机相比，它具有结构简单、占地小、冲程长、节能高效、智能调参等优点，代表了当今地面抽油机械设备的发展水平。

直线电机智能抽油机通过智能控制柜给定冲程、冲次等，启动直线电机。直线电机动子在两侧定子内作往复直线运动。动子上行时，静平衡上行，光杆带动钢丝绳下行，此时抽油机为下冲程，电机和平衡系统储能；达到设定的下死点时，电机换向，动子下行，静平衡下行，钢丝绳带动光杆上行，此时抽油机为上冲程，电机和平衡系统释放能量；到达设定的上死点时，电机换向，如此往复实现油气井正常抽汲。

（二）DSP 控制系统直线电机抽油机

该机采用平板形直线电机驱动。其主要结构为支架固定在底座上，上端带有固定平台，平台上并列安装大轮和小轮，电机次级固定在支架内部，电机初级下部连接配重箱。配重箱用于增减平衡重，以调整整机平衡。驱动绳一端与悬绳

器相连，另一端连接在电机初级上。底座上装有通过 DSP 控制系统驱动的控制箱。用 DSP 驱动控制系统比变频控制成本低，节能可达 40%。修井作业时，卸去部分平衡重，电机上升，停止在与上限一定距离处，安装光杆卡子，再点动上提电机，卸载后停机、刹车，卸去负荷，电机下落到底部，卸去大轮，让开井口，即可进行修井作业；正常抽油工作时，电机通过驱动绳绕过小轮和大轮，带动悬绳器及抽油杆上下运动，完成抽油过程。

（三）ZXCY20–8 型直线电机抽油机

由华北石油大卡热能技术开发有限公司研发、江汉石油机械有限公司生产的 ZX–CY14–6 型直线电机抽油机于 2003 年在江汉采油厂试用。与游梁式抽油机相比，它具有平均节电约 20%、地面抽汲参数调整方便、可降低电网冲击负荷等优点。

在总结分析 ZXCY14–6 型直线电机抽油机现场试验的基础上，江汉石油机械有限公司与中国石油大学（华东）合作，共同开发出具有自主知识产权的低速同步大推力永磁直线电机抽油机。

ZXCY20–8 型直线电机抽油机主要结构如下。

①悬绳器：由上体、下体及安装在二者之间的 U 形块组成，用于油井示功图的测试。悬绳器的两端与扁钢丝绳相连。

②扁钢丝绳：一端与悬绳器相连，另一端绕过翻转轮及天轮与机架内的动子相连。

③翻转轮：除对扁钢丝绳起导向作用外，修井时卸掉翻板与轴承座的连接螺栓，向机架外侧推动翻转轮旋转，可以让开修井空间。

④天车轮总成：对扁钢丝绳起导向作用，同时承受扁钢丝绳的压力。

⑤绞车系统：用于提升或下放动子及平衡重。

⑥上、下防撞器：当动子在垂直方向出现过位移现象时，可以限制其继续在垂直方向运动。

⑦桁架总成：是承载的主要构件，支承主板及动子。

⑧主板总成：由主板及导轨组成，作为电动机的定子，同时对动子起导向作用。

⑨连接器：用于扁钢丝绳与动子间的连接，以及扁钢丝绳与悬绳器间的连接。

⑩动子总成：由硅钢片、线圈绕组、滚轮和滚轮轴、滚轮支座、体调节螺栓、平衡重等组成，通过气隙调节螺栓可以调整直线电动机的气隙，通过滚轮支座调节螺栓可以调整滚轮间的平行度。

ZXCY20–8 型直线电机抽油机的最大悬点载荷为 200 kN，电动机推力为 50 kN，最大冲程为 8 m。

与常规的游梁式抽油机相比，ZXCY20–8 型直线电机抽油机的主要优点：将电能直接转化为直线往复运动，简化了能量传递过程，能量传递效率提高达 23%；采用天平式平衡，平衡效果好，抽油机的负载比较均衡；抽油机大多数时间为匀速运动，最大载荷和载荷差明显降低；使抽油泵泵效显著提高。

四、液压驱动抽油机

（一）长冲程链式液压抽油机

黑龙江科技学院设计的长冲程链式液压抽油机采用双平衡方式和液压支柱方式，使平衡机构和直线往复机构极为简单，增加了整机的可靠性。工作时，电动机驱动变量油泵将机械能转换为液压能，通过二位四通换向阀给工作缸提供动力，驱动油缸做直线往复运动。活塞杆端部安装有导轮，链条绕过导轮，其一端固定在机架的上端，另一端通过天车轮与抽油杆连接。当活塞向上运动时，利用活塞面积差使抽油杆下冲程速度小于上冲程速度，以满足常规稠油开采时节能的要求。当活塞向下运动时，带动活塞杆和端部的导轮向下运动，连接抽油杆链条增程机构，实现长冲程。双重力平衡箱，一个通过导轮与活塞杆端部的导轮板式链条连接；另一个外重力平衡箱通过两个导轮用链条连接，安装在机架外侧，发生断链事故也不会损坏机架。箱外增设了防盗锁具，可有效防止配重被盗。根据

井压变化情况调整平衡箱内的铸铁配重块，可使抽油机达到平衡要求。

（二）全状态调控液压抽油机

大庆油田选用的全状态调控液压抽油机在萨南油田聚驱油井上进行了试验。该抽油机能够方便地调节抽油杆在上、下冲程的运动速度，抽油杆上行速度快、下行速度慢，降低了抽油杆所受的法向力和下行阻力，从而减少杆管偏磨。全状态调控液压抽油机由 3 个系统组成：一是机械传动系统，包括驴头、游梁、支架、底座等；二是液压传动与控制系统，包括液压缸、柱塞、液压阀（二位四通阀、单流阀等）、蓄能器、过载和断载保护装置等；三是动力系统，包括电动机和油泵。

全状态调控液压抽油机独特的液压缸和柱塞设计将液压缸内分成了 a、b、c，d 四个密封腔室，蓄能器充入了保持一定压力的氮气。抽油机启动后，电动机带动油泵工作，高压液压油通过单流阀、二位四通阀、液控单向阀进入 b 腔，推动柱塞向上运动。同时，a 腔内的油被压入蓄能器内，将能量储存起来，c 腔内的油被排到油箱，而 d 腔则由于容积变大，油压降低，所以油箱内的油被吸入 d 腔。柱塞的向上运动通过游梁转换成光杆的向下运动，从而完成抽油杆的下冲程。当光杆运动到下死点时，二位四通阀自动换位，这时高压液压油进入 c 腔，推动柱塞向下运动。同时，蓄能器内的液压油在氮气压力的作用下进入 a 腔，协助推动柱塞向下运动，使蓄能器在抽油杆下冲程时储存的能量得以释放，b 腔和 d 腔的油则被排回油箱，柱塞的向下运动通过游梁转换成光杆的向上运动，从而完成抽油杆的上冲程。当光杆运动到上死点时，二位四通阀自动换位，又开始下冲程运动。

（三）液压驱动无游梁无塔身抽油机

由中国石油大学、辽河油田等研制的新型液压抽油机技术已获国家专利。它的主要特点是采用液压驱动方式，通过液缸活塞直接带动井下抽油杆、抽油泵柱塞上下往复运动，将井液抽汲到地面。其主要由动力系统、液压系统、阀件安装块、蓄能器、控制系统、测量控制系统等组成。

液压抽油机的液压油缸直接坐在井口油管四通上。液压油缸中的活塞杆通过丝扣与抽油杆连接。油管中的原油经液压油缸和油管连接器构成的环形空间从油管四通上的开口流出。液压缸中的活塞在液压驱动下作垂直往复运动，通过抽油杆带动井下深井泵工作，实现举升原油的目的。由于液压缸直接坐在井口油管四通体上，实现了无塔架形式。由于活塞杆通过丝扣与抽油杆连接，所以通过测量活塞的运动速度、位移和供液压力即可计算功图，监测系统工况。

液缸、液压驱动流程和控制流程组成的驱动系统驱动柱塞做往复运动。液缸的上腔室经阀门接油箱，构成一个液体通道，在液缸中的柱塞上、下运动时，给液缸上腔室排出和吸入液压油。液缸的下腔室经单向节流阀、电磁换向器、单流阀、蓄能器、定压减压阀、液压泵、油箱组成液压油回路。单向节流阀组的节流器可通过电路控制节流流量，调节液缸的下行速度；调节液压泵的排量可调节液缸中活塞的上行速度；调节蓄能器的充气压力可调节液缸的提升力、平衡力及下行速度。通过上述调整方法可实现抽油机的冲程、冲次和举升力的调整。

测量控制系统由压力传感器、温度传感器、回声传感器、声波发射器、数据采集器、数据处理系统、执行功率放大器、远程数据收发器、电源及相关软件构成。数据采集器将各传感器得到的信号放大、转换后传送给数据处理系统，经相关软件处理后向执行放大器发出指令，并向远处基站传送数据。智能控制系统可实现抽油机工作状态自检监视、故障实时诊断、对有杆泵抽油系统进行工况分析、优化有杆泵抽油系统的工作参数、自动监测油井供液情况并进行优化分析，实现抽油机的远程控制和监测。

一种安装方式：在油井作业过程中先下油管，油管末端接油管连接器，将油管悬挂在套管器四通体上；接着下抽油泵柱塞和抽油杆，抽油杆末端接液压油缸，将液压油缸坐在油管器四通体的上法兰上。另一种安装方式：下完油管后，将液压油缸坐在套管器四通体的法兰上；打开液压油缸上封头，下抽油杆；最后将抽油杆固定在液缸中心管活塞上。

（四）以蓄能器平衡载荷的变频液压闭式节能抽油机

新型节能液压抽油机系统由双向液压泵、双向液压锁、梭阀、活塞柱塞式

液压缸、溢流阀组成闭式油路，由矢量变频电动机向双向液压泵提供动力，形成变频容积调速式闭式液压系统。活塞柱塞式液压缸由活塞缸、可移动的带活塞的柱塞缸和固定柱塞组成；活塞缸的下腔通过液压油管与蓄能器连接，活塞缸的上腔与闭式油路中的双向液压锁的一端相连；固定柱塞内开有油道，通过管路与闭式油路中的双向液压锁的另一端相连。

系统中梭阀的作用是使闭式油路无论载荷上升还是下降均能给系统补充油液，防止双向液压泵的吸油口吸空。梭阀和溢流阀的作用是保证载荷上升或下降时回路中的油压均不超过系统的最大压力。理论上，系统的装机功率只与上冲程增加的载荷质量有关，因而可以大幅降低装机功率。采用变频电动机驱动定量泵的方式可使电动机的转速、泵的输出流量适应系统载荷的变化，大大降低系统的能耗。

新型机具有以下技术特点：

①由于活塞柱塞式液压缸的特殊结构和液压蓄能器的配合使用，在平衡抽油机大部分载荷时不需另外增加配重，可减小抽油机体积、质量和占地面积；

②抽油机下冲程时，与活塞柱塞式液压缸相连的蓄能器吸收能量，上冲程时储存在蓄能器中的能量补充载荷上行所需的能量，大幅降低抽油机装机功率；

③变频容积调速的节能效率高，闭式油路节省液压油，同时大大减小液压泵站的体积；

④在闭式油路中采用双向液压锁可使抽油机的启停更加平稳、迅速，其工作的稳定性和安全性更好。

五、气体驱动抽油机

其工作流程：气源供给的压缩气体通过开关、单流阀、储气罐不断地向气缸的下腔供气，达到一定压力时活塞上行，直至气缸上盖碰撞上部换向机构，使换向阀换向。换向之后，经过减压阀减压的气体通过双气控滑阀和换向阀进入气缸的上腔，推动活塞下行。此时，气缸下腔内的气体被压缩，产生向上推力，对井下载荷起平衡作用；当压力达一定值时，有一小部分气体通过节流阀进入气缸上腔，或返回储气罐。活塞达下缸盖时，碰撞下部换向机构，再使换向阀换向，气缸上腔的气体通过换向阀和节流阀排出或回收，活塞又开始另一个冲程。该抽油机的冲程长度可达 5 m。

第三节　抽油泵和抽油杆

一、管式泵

基本型抽油泵主要有两类：管式泵（油管泵）和杆式泵（插入泵）。它们都由工作筒、柱塞、固定（吸入）阀、游动（排出）阀等组成。两种抽油泵的区别仅在于工作筒的安装方式。管式泵的工作筒连接在油管的底部，作为油管的一部分下入井中；杆式泵的工作筒则是井下泵装置的一部分，作为一个整体，用抽油杆柱下入油管或套管内。下入套管内的抽油泵又称为套管泵。

管式泵的泵筒与油管直接连接，并与油管具有大致相同的内径。它的主要优点是可以采用较大直径的工作筒和柱塞，可以获得较大的产液量。管式泵的游动阀和柱塞可以安装在一起，通过抽油杆取出。固定阀有固定式和活动式两种。固定式的固定阀安装在油管的底部，检修时需将油管柱全部从井中提出。这种阀的尺寸可以做得大一些，在低液面和高黏度的油井中或者工作筒充不满时效果很好。活动式的固定阀可以在工作筒下入井中之前装在工作筒上，也可以在下入工作筒之后再从地面投下，并用柱塞推动就位，采用摩擦锥等形式固定；检修时，可以用连接在柱塞底部的阀打捞器拔出，但检修工作筒时也必须提出全部油管柱。由此可见，管式泵的缺点是检修比较困难。

管式泵中固定阀是活动式的。固定阀上部有打捞杆，柱塞下端有卡杆式打捞器，可以很方便地提出固定阀，但其游动阀必须装在柱塞的上部，使得泵内余隙容积增大，不宜在油气比大的井内采用。固定阀上部有打捞杆，其上有打捞

销，柱塞下部有灯口式打捞器，也可以提出固定阀。这种泵的游动阀可装在柱塞下端，减少了余隙容积，液体充满度系数比较高，同时可以在柱塞上端装上一个游动阀，有利于抽汲含气油液及提高游动阀的寿命。

二、杆式泵

杆式泵有外工作筒和内工作筒两个泵筒。外工作筒带有锁紧卡簧和锥体座等，连接在油管下部，随油管先下入井中。内工作筒与柱塞、游动阀及固定阀连成一体，通过抽油杆直接下放到外工作筒内，坐在锥体座上，由锁紧弹簧等卡住，与外工作筒连成一体。这种杆式泵的主要优点：只要提起抽油杆，就可以提起内工作筒及其内的柱塞和两种阀，便于检修。由于内泵筒是通过油管下入井中的，所以直径必然比管式泵小，产量也相对较小。

常用杆式泵的抽油杆与柱塞连接，带动柱塞在工作筒内作往复运动，而内工作筒则是底部固定在外工作筒内（涂黑色部分），也可以顶部固定（画剖面线部分）。这种工作筒固定而柱塞做往复运动的泵称为定筒杆式泵。

将柱塞与固定阀装在一起，固定在油管下端的锥座上，而内工作筒与抽油杆相连并在固定柱塞上作往复运动，则称该泵为动筒杆式泵。动筒杆式泵的固定阀位于固定柱塞的顶部，游动阀则位于游动泵筒的顶部。这种泵的优点：泵筒的往复运动能使其外围环形空间的液体产生旋涡运动，从而阻止泵周围砂子沉积，避免泵卡在砂子中；如果抽油装置需要间歇停抽，则泵筒顶部的游动阀就会关闭，可以防止进入泵中的砂子沉积在柱塞的顶部和周围。它的缺点：不宜在偏斜的井眼中工作，因为会导致泵筒和油管间的磨损加剧；固定阀距井底较远，尺寸较小。定筒杆式泵可以采用尽可能大一些的固定阀，并可放到可靠近井底的位置，减小井中液体进入固定阀的压力降，使气体分离减少，有利于提高泵效。

目前美国主要采用杆式泵，管式泵的使用仅占有杆抽油泵的 15%，而我国主要采用管式泵。总体上看，杆式泵优于管式泵，特别是在油井不断向深层发展，泵挂深度越来越大的情况下，管式泵的检修工作费时费工，采用杆式泵则可以使检泵工作量减少一半左右；如果采用上、下冲程都可以排液的杆式泵，其排液量可以达到或超过管式泵；此外，杆式泵的防气、防砂能力也比管式泵好。但是，杆式泵制造难度大，成本高，为了保证杆式泵顺利通过，对油管壁厚的均匀程度及内径尺寸的一致性要求较高。

三、套管泵

用套管代替油管出油时所用的抽油泵都属于套管泵，其实际上是一种较大型的杆式泵，与一般杆式泵的安装及操作方式基本相同。套管泵用抽油杆下入井中，并在泵筒的底部或顶部装有封隔器，以便在泵筒和套管之间建立液体密封。套管泵是一种排量大、适用于浅井的抽油泵，特别适用于高产井。

抽油泵的主要易损件是柱塞和泵阀。常见的柱塞由金属制造，有各种形状。抽油泵阀也有各种不同的结构。金属柱塞常与游动阀组装在一起。

四、其他类型抽油泵

除了上述 3 种基本型抽油泵，根据不同的采油条件还设计和制造了多种变型泵。

（一）双作用抽油泵

为了克服杆式抽油泵产液量较小的缺点，研制了一种柱塞上、下行程都向地面排液的双作用抽油泵。其具有上、下两个柱塞，二者由连通管连接，形成“工”字形柱塞总成。连通管在一个密封元件中运动，并形成两个密封腔室。上腔室由密封元件与上柱塞形成，与连通管内腔相通；下腔室由密封元件与下柱塞形成，与泵筒和油管之间的环形空间沟通。两个液腔室的长短随“工”字形柱塞总成的上、下位移而变化。柱塞上行时，游动阀在液柱重力作用下关闭，而固定阀打开，井液进入泵筒并经下柱塞和连通管上升，再经连通管上的油口进入上腔室，抽油泵吸液。与此同时，下腔室内的井液被迫经过泵筒上的油口进入泵筒与油管间的环形空间，即抽油泵向油管排液。随着柱塞上提，井液升到地面。下行

时，固定阀关闭，下柱塞下部空间及上腔室内的液体被挤入连通管，并推开游动阀进入油管。随着下腔室增大，压力降低，泵筒与油管环形空间又有一部分井液返回泵内。实际上，上行程时泵向油管排出的井液相当于下腔室中变化的体积，下行程时泵向油管下排出的井液只相当于下柱塞下部腔室的变化体积，可以认为上腔室中排入油管中的液体又被下腔室吸入。上、下行程时抽油泵排出的液体总量是在上行程中一次吸入的，下行程时无吸入量。但是，由于多了一个上腔室，故一个冲次中泵的吸入量和排出量都有所增加，使得产液量能够达到管式泵的水平。

胜利油田研制的双作用式抽油泵能使油井产液量大幅提高。双作用式抽油泵的缺点是下行阻力大，抽油杆易弯曲，易造成抽油杆断裂或脱扣。

（二）防气锁抽油泵

有些油井中的液体含有大量的溶解气体，这会对抽油泵效率产生明显影响，甚至使抽油泵无法正常工作。因为在任一抽油泵中，固定阀与游动阀之间必定有一定距离，称为“防冲距”，其空间称为“余隙容积”，充满油气混合物。当柱塞下行时，泵筒内压力增高，余隙容积内气体受压缩并溶解于油液中；当柱塞上行时，泵筒内压力迅速降低，溶解气自油液中分离、膨胀，占据一定空间。含气量较少时，气体膨胀后所占空间不大，对泵效影响不大。但是当含气量较大时，膨胀气体可能占据柱塞在泵筒中移动的空间，且压力仍然不低于套管中的沉没压力，使固定阀打不开，抽油泵无法吸入。这时，柱塞只是使气体处于交替的压缩和膨胀状态，抽油泵不工作，产生所谓“气锁”现象。

为了提高泵效和防止“气锁”，除尽可能减小余隙容积外，还设计出适合抽含气原油的抽油泵（简称油气抽油泵）。这种泵实质上就是在常规抽油泵上端装上一个承载阀，目的是消除“气锁”。

中原油田采油工艺研究所研制的 ZY57–I 型防气锁抽油泵采用整体无衬套泵筒和软硬结合的新型活塞体，具有 3 个阀门：上部浮动环形阀（承载阀）、中部标枪形锥阀（标枪阀）、下部球形固定阀（进油阀）。标枪阀与抽油杆刚性连接，抽油杆上、下运动时标枪阀随之而动；标枪阀与活塞浮动连接，在轴向允许有

15 mm相对运动距离，径向彼此可以相对旋转。在轴向允许的范围内，标枪阀随着抽油杆的上、下运动反复关闭或开启，并使活塞将泵筒分为上、下两个腔室。

上冲程开始前，承载阀和进油阀在压差的作用下关闭，标枪阀开启；上冲程开始后，标枪阀随抽油杆上行15 mm提前关闭，再带动活塞上行，使上腔室内压力逐渐升高，当高于油管内液柱压力时承载阀打开，上腔室中的油液进入油管，实现排油。与此同时，下腔室内压力迅速降低，进油阀打开，地层液进入下腔室。活塞达上止点后，承载阀和进油阀关闭。下冲程开始后，标枪阀先下行15 mm，提前打开，使上、下腔连通，再推动活塞下行，下腔室中的油液通过标枪阀的间隙进入上腔室，直至活塞达下止点。

对于含气的井液，这种泵仍可正常工作，因为下冲程时标枪阀靠抽油杆下推开启，不存在开启滞后或打不开的现象。此外，该泵的活塞杆上有放气孔装置，当活塞接近下止点或即将离开下止点时，放气孔将油管内液柱与泵筒的上腔室相连通，液柱在压差的作用下迅速通过放气孔，占据上腔室内的气体空间，上腔室内的气体被驱入液柱内。因此，上冲程时也不会出现由于上腔含气而造成承载阀开启滞后或打不开的现象。试验表明，与普通抽油泵相比，这种防气抽油泵增产效果明显。

（三）稠油抽油泵

石油矿场中通常将密度大于0.9 g/cm^3、温度50℃时黏度为100 ~ 1000 cP的原油称为稠油或高黏重质原油。在有些油田（如我国高升油田），原油密度达0.94 ~ 0.96 g/cm^3，黏度一般达5000 cP，有的油井高达10000 cP。这种高黏性原油流动性差、阻力大，若用常规抽油泵开采，经常会发生驴头下行速度超前于抽油杆下行速度（所谓“驴头打架”）以及阀球迟开和迟闭的现象，并使抽油杆上行程时拉应力增加，下行程时受压缩，最大应力值和交变应力幅度增加。这些情况，轻则使泵效降低，重则不能正常工作，甚至引起卡泵和抽油杆断脱事故，因此必须采用合适的稠油抽油泵。

稠油抽油泵的种类很多。CLB流线型稠油抽油泵的流道为流线型，即进油阀（固定阀）、排油阀（游动阀）及柱塞内的流道均为光滑过渡，无突然收缩和扩大，

有利于减少流动损失，提高充满度系数。另外，阀球的升程都控制在球半径的高度内，采用整体泵筒，液力自封式短柱塞，泵筒上端装有承载阀或环形阀。

承载阀或环形阀装置对于改善稠油的进泵和抽油杆的受力状态、加快柱塞的下行速度、减少气体的影响、提高泵效等都有良好的作用。因为采用承载阀或环形阀后，就将常规抽油泵的一级压缩过程改为二级压缩过程。柱塞下行时，承载阀或环形阀在液柱的作用下关闭，将柱塞上部与油管柱内部的液体分开，且承受油管柱内的全部液柱压力，使游动阀与承载阀或环形阀之间的二级压缩腔成为低压区，压力值为 p_2，而压缩腔中的压力 p_1 很快升高，$p_1 > p_2$，使游动阀及时打开。同时，使抽油杆只受重力作用而处于拉伸状态，减少了抽油杆柱的断脱事故和维修工作量。当柱塞上行时，由于一级压缩腔始终处于低压状态，固定阀在油层压力的作用下会很快打开。

对于常规抽油泵，柱塞上部液柱的压力为 p_2，只有当柱塞将其下面的液体逐渐压缩到 $p_1 > p_2$ 时，游动阀才能打开，这就导致抽油杆柱受压缩，影响了柱塞快速下行，当然也就使泵效降低，抽油杆受力状况恶化。承载阀或环形阀还有一个优点，即在固定阀漏失情况下，柱塞下行时油管柱内的液体不会再进入泵腔而漏回油层，这也有利于提高泵效。

（四）防砂抽油泵

许多油田的地质结构比较疏松，井液中含砂较多，采用常规抽油泵抽油经常发生砂卡、砂磨和腐蚀现象，造成油井停产等事故。针对上述情况，研究出了双筒式防砂卡抽油泵、动筒式防砂抽油泵、旋转柱塞防砂泵等抽油设备。长柱塞式防砂抽油泵是在双筒式防砂卡抽油泵的基础上发展起来的新型防砂抽油泵。该泵采用长柱塞、短泵筒及泵下沉砂、侧向进油结构。

柱塞上行时，下出油阀与固定阀之间的空间变大，压力降低，井液在沉没压力的作用下经双通进油接头的侧向进油孔顶开进油阀进入泵腔，柱塞上部的液体同时被举升一个冲程高度；柱塞下行时，进油阀关闭，出油阀被顶开，进入泵腔的液体被迫经过柱塞到达其上部，完成一个工作循环。柱塞上行时，柱塞上部压力大于下部压力，上部液体会沿间隙下行，下部泵筒与柱塞之间的砂粒不会进入密封段，只有直径小于密封间隙的砂粒才会随泄漏的液体进入密封段；柱塞下行时，柱塞下部压力大于上部压力，下部液体会沿间隙上行，砂粒不会从上部进入泵筒与柱塞之间的密封段，同时下部的砂粒也不会进入泵筒，而只有部分粒径细小的砂粒进入。细小的砂粒不会使柱塞与泵筒之间产生较大的摩擦力，从而达到防止砂卡、减轻磨损的目的。

双通接头的下端连接沉砂尾管，用于储集进入尾管的泥砂；泵的内筒与外筒之间有一环行空间，是沉砂进入尾管的通道。当油井停抽时，下沉的砂粒沿环形空间沉入泵下尾管，避免了砂埋抽油杆。

（五）水平井抽油泵

随着大斜度井和水平井的不断增加，水平井抽油泵的开发取得了进展，已经有多种产品问世。带液力平衡补偿液缸的水平井抽油泵主要由抽油泵和液力平衡补偿液缸组成。其主要结构特点：具有下拉力，可部分解决稠油水平井抽油泵下行程阶段抽油杆漂浮、下行困难及下部抽油杆柱受压等问题；采用整筒泵筒—水力自封结构，即泵筒与外管间承受油井液柱压力，有利于减少泵筒径向变形、环隙漏失，提高泵效；泵筒与外管间下端采用固定连接，下端滑动配合，泵筒不承受轴向交变载荷；游动阀采用机械启闭式结构，固定阀采用拉杆带动结构，两种阀均具有机械开闭功能，启闭迅速，不受井斜角大小影响。

当抽油杆上行时，带动柱塞，并经拉杆带动液缸中的柱塞同时向上移动；机械启闭式游动阀关闭将柱塞上方的液体抽出泵筒；而液缸柱塞又将其上方的液体提出液缸，经过迂回流道、交叉流道、外管与泵筒环形空间，也排到泵以上的油管中。与此同时，固定阀组中的固定阀在拉杆的带动下迅速打开，井液经过交叉流道和固定阀组进入泵柱塞的下部空间，而液力平衡液缸柱塞下端则吸入液体。

达到上死点后，整个抽油杆柱系统应该在重力作用下向下运动，但由于在水平井中杆柱的自重分力很小，抽油杆柱（扶正器）与油管接触增大了下行阻力，在特稠油井中杆柱与液体间的阻力也增加，所以抽油杆柱很难下行。为此，该

泵采用了带液力平衡补偿液缸的方案。液力平衡补偿液缸柱塞的上端始终作用着油井液柱的压力，而平衡补偿液缸柱塞的下端则作用着环空液柱的压力（沉没压力），平衡补偿液缸柱塞在上、下压差的作用下很容易克服摩擦力，使抽油杆柱向下运动。

当抽油杆柱下行时，拉杆带动固定阀立即关闭，机械启闭式游动阀迅速打开，将上行程中吸入泵筒内的液体转移到机械启闭式游动阀的上部。与此同时，平衡补偿液缸柱塞向下运动，上行程中排出缸外的液体再次回注缸内，而上行程中柱塞下部缸内吸入的井液则被排回油、套环空间中。

五、常规型抽油杆

抽油杆分为常规型和特种型两大类。此外，为了组成抽油杆柱及保证正常的抽油，还有一些配套部件或辅助装置。

常规型抽油杆是一种具有圆形断面、两头镦粗的金属杆件，镦粗部分有连接螺纹和打扳手用的方形断面。抽油杆体直径有 13 mm、16 mm、19 mm、22 mm、25 mm 和 29 mm（即 1/2，5/8，3/4，7/8，1 和 $1\frac{1}{2}$ n）六种，长度一般为 7.62 m 或 8 m。

为了调节抽油杆柱的长度组合，还配有长度为 410 mm、610 mm、910 mm、1 220 mm、1 830 mm、2440 mm、3050 mm、3660 mm 等短抽油杆。

抽油杆的生产国主要是美国、俄罗斯和我国。美国生产抽油杆的历史最长，品种多且质量好，许多国家都按 API 标准生产抽油杆。我国石油天然气行业标准 SY/T 5029—2003 采用了 API Spec 11B《抽油杆规范》（第 26 版）的相关内容。常规型抽油杆可分为以下几种。

① C 级抽油杆：主要用于轻、中负荷无腐蚀或缓蚀油井抽油，材料为碳钢或锰钢，如 C–Mn 系钢抽油杆，抗拉强度为 620 ~ 793 MPa。

② D 级抽油杆：主要用于中、重负荷含硫油井抽油，材料为碳钢或合金钢，如 Cr–Mo 系钢抽油杆，抗拉强度达 793 ~ 965 MPa。

③ K 级抽油杆：主要用于轻、中负荷中等腐蚀或缓蚀油井，尤其是低硫腐

蚀油井抽油，材料为镍铝合金钢，如 Ni-C-Mo 或 Ni-Cr 系钢抽油杆，抗拉强度为 620 ~ 793 MPa。

抽油杆一般经过镦锻、整体热处理、外螺纹滚压加工、喷丸强化、油溶性涂料防护等加工过程，以便获得一定的抗疲劳或抗腐蚀疲劳的性能。

我国抽油杆的代号为 CYG □ / □□，其中各符号的含义依次为：CYG 为抽油杆代号；第 1 个方框表示抽油杆体直径，单位为 mm；第 2 个方框为短抽油杆长度，单位为 mm；第 3 个方框为材料强度代号（B 为合金钢，调质处理；C 为碳素钢，正火处理）。

代号中未标注抽油杆长度者是长度为 8 m 的标准抽油杆。常用的短抽油杆为 1 m、1.5 m、2.5 m、3 m、4 m 等。例如，CYG22B 表示直径 22 mm、长度 8 m、用 20CrMo 合金钢制造、经调质处理的抽油杆，CYG25/1500C 表示直径 25 mm、长度 1.5 m、用 45 号碳素钢制造、经正火处理的短抽油杆。近年来，对抽油杆还进行了一些特殊的工艺处理，如对杆体进行金属喷涂、滚压、高频淬火、用环氧树脂涂敷等，以便提高其抗腐蚀性能或抗疲劳性能。

六、特种抽油杆

随着石油工业的发展，除现有批量生产的 C、D、K 级钢质实心常规抽油杆外，还研制了一些新型抽油杆，其中主要是超高强度抽油杆、玻璃钢抽油杆、空心抽油杆和连续抽油杆等，统称特种抽油杆。研制特种抽油杆是为了适应不断增长的工作载荷、环境腐蚀和特殊工作条件的需要，在深井、斜井、定向井、稠油井及严重腐蚀性井等油井中实现抽油。

（一）超高强度抽油杆

与 D 级抽油杆相比，这种抽油杆达到了一个新的强度等级，性能指标更高，具有更高的承载能力，最小应力为 0 ~ 102 MPa 时许用应力值超出 D 级抽油杆 35% 以上。

我国超高强度抽油杆有两种类型：通过选用适当的材料，将性能提高到

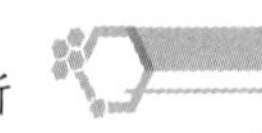

超级强度等级的抽油杆为材料型超高强度抽油杆，代号为 HL，抗拉强度达 966 ~ 1136 MPa；采用表面淬火工艺，将性能提高到超级强度等级的抽油杆为工艺型超高强度抽油杆，代号为 HY，抗拉强度达 980 ~ 1176 MPa。它们的型号表示为 CYG □□□,CYG 为抽油杆代号；第 1 个方框为杆体直径，单位为 in（mm）；第 2 个方框是超高强度抽油杆类型号（HL 或 HY）；第 3 个方框为抽油杆长度，单位为 mm（ft）。

（二）玻璃钢抽油杆

用玻璃钢代替钢材制造抽油杆的主要优点是重量小、耐腐蚀性强，主要缺点是不能承受轴向压缩载荷，使用温度一般不得超过 163℃。这种抽油杆的头部(即连接部分）采用钢锻制；杆体用玻璃钢纤维无捻粗纱做增强材料，用树脂做机体，以拉挤方法成型；钢接头用 AISI4620 钢加工而成，通过特殊的粘结工艺，用环氧树脂将接头和杆体粘结为一体。

另一种是芯部采用钢丝（或钢丝绳）、外包玻璃钢的所谓钢芯玻璃钢抽油杆。璃钢抽油杆以杆身直径、最高工作温度和端部接头的级别表示。例如，7/8 in-93℃ -A 表示杆身直径为 7/8 in、最高工作温度为 93℃、端部接头级别为 A 的抽油杆。

（三）空心抽油杆

空心抽油杆的主要特点：其内孔可以输油，油液在较高的流速下通过，提高了携带砂粒和机械杂质的能力；可以降低光杆最大载荷，减少修井次数；利用内孔向井底注入热油、热水或蒸汽，用以降黏和清蜡等。空心抽油杆特别适用于稠油井、含砂井和需要连续注入介质的抽油井。

俄罗斯的空心抽油杆由内孔直径为 45 mm、壁厚为 3 mm 的 45 号钢冷拔无缝钢管做杆体，接头加工螺纹后用摩擦焊接到杆体上。我国油田有多种空心抽油杆获得应用，其中一种是外径为 36 mm、内孔直径为 25 mm 的抽油杆，接头和杆体采用摩擦焊接，接箍外径与杆体外径相同，采用 35CrMo 钢经调质处理，机械性能可达 D 级。另一种是整体式，两端镦锻成形，一端为外螺纹接头，另一端为内螺纹接头，组成抽油杆时不需要接箍。

除了上述特种抽油杆，还有连续抽油杆、柔性抽油杆、电热抽油杆、铝合金抽油杆、喷涂不锈钢抽油杆等，它们具有不同的用途和特点。其中，由石墨复合材料等制成的连续“带杆”具有高的弹性模数和足够的刚度，还有很大的绕性，可以绕到一个卷筒上。将卷筒置于井口上方，将抽油泵和若干加重杆连接在“带杆”的端部，然后下放到油管中的预定深度，再将“带杆”的上端固定到光杆上就可以实现抽油。连续型“带杆”不用接头，质量轻，运输方便，抗腐蚀，是比较理想的一种抽油杆。

此外，KD 级抽油杆既具有 D 级抽油杆的强度，又具有 K 级抽油杆的耐腐蚀性能。我国研制的 KD 级抽油杆材料是 23CrNiMoV 钢，经过加热保温、正火、回火等较严格的热处理后具有良好的性能。

七、抽油杆柱的配套部件

组合成抽油杆柱的配套部件主要包括接箍、加重抽油杆、光杆等。

（一）抽油杆接箍

抽油杆接箍两端带有丝扣，可以根据需要将不同直径的抽油杆组合起来。按结构特征的不同，接箍分为普通接箍、异径接箍和特种接箍。普通接箍的代号为 PJG □ / □ – □，PJG 是普通接箍代号；第 1 个方框为所连接的抽油杆直径，单位为 mm；第 2 个方框为材料强度代号（B 为合金钢，C 为碳素钢）；第 3 个方框为接箍式样（Ⅰ型和Ⅱ型）。

Ⅰ型与Ⅱ型接箍的结构尺寸相同，Ⅰ型接箍外表面加工有搭扳手的凹槽，Ⅱ型接箍外形为圆柱形。例如，PJG22C–Ⅰ表示抽油杆直径为 22 mm、材料为 40 号碳素钢、正火处理的普通Ⅰ型接箍。

两端螺纹直径不等的接箍为异径接箍，用于连接直径不同的抽油杆。异径接箍的代号为 YJG □ / □□ – □，YJG 为径接箍代号；前两个方框为接箍两端连

接的抽油杆直径，单位为 mm；第 3 个方框为材料强度代号（B 为合金钢，C 为碳素钢）；第 4 个方框为接箍式样（Ⅰ型和Ⅱ型）。

例如，YJG19/22B-H 表示连接直径为 19 mm 和 22 mm 的抽油杆、用 20CrMo 合金钢制造、经调质处理的Ⅱ型异径接箍。

抽油杆在交变载荷和腐蚀介质中工作时容易产生腐蚀疲劳破坏。对于常规式抽油杆，最常见的事故是杆体和丝扣处的断裂。因此，上扣时应保证最大载荷作用下抽油杆和接箍端面间保持紧密的接触，即应有足够的上扣扭矩；同时应保持抽油杆的平直度。据有关资料介绍，当抽油杆挠度等于 0.564/h，其产生的拉应力就会增加 4 倍，故用于斜井中的抽油杆必须采用特种接箍，如铰链式接箍、滚轮式接箍等。

（二）加重抽油杆

抽油机工作时抽油杆柱受力状态会不断变化。柱塞上行时，抽油杆一般处于受拉状态；下行时，由于液流通过游动阀，对柱塞产生向上的流动阻力，还有向上的摩擦阻力，泵径越大，原油越稠，泵冲次越高，这种阻力越大。这样，就容易使抽油杆柱受力状态不同，即上部受拉、下部受压，处于受压位置的某根抽油杆可能产生过大的纵向弯曲，从而造成抽油杆柱的断裂或脱扣事故。为了减少和避免这种情况的发生，广泛采用了加重抽油杆。这种加重杆装在抽油泵的上方，替代若干根普通抽油杆。这种下部加重杆具有较大的重量和刚度，可以避免受压状态或减小弯曲，使上述事故减少。

（三）抽油光杆

抽油光杆是将抽油机的往复运动传递给抽油杆的重要部件。它的上部通过光杆卡和悬绳器与抽油机连接，下部通过光杆接箍与抽油杆连接，在抽油机的带动下在光杆密封盒内作往复运动。有的光杆体上套有光杆衬套，以保护光杆。光杆分为普通型和一端镦粗型两种，普通型两头螺纹直径相同。

参考文献

[1] 王岩，辛颖 . 石油钻采机械使用与维护 [M]. 北京：北京理工大学出版社，2023.

[2] 杨震，李明星，滕飞 . 地质勘探与探矿工程技术研究 [M]. 哈尔滨：哈尔滨出版社，2023.

[3] 张士诚，韩国庆 . 采油工艺原理 [M]. 北京：石油工业出版社，2023.

[4] 郑明明 . 油气井水合物地层钻井与固井 [M]. 成都：四川大学出版社，2023.

[5] 张桂林 . 钻井工程技术手册 [M]. 北京：中国石化出版社，2023.

[6] 管志川，陈庭根 . 钻井工程理论与技术 [M]. 东营：中国石油大学出版社，2023.

[7] 刘凤刚 . 石油钻采设备关键零部件无损检测技术 [J]. 中国设备工程，2023（9）：199–201.

[8] 石电环 . 石油钻采机械设备故障与有效预防对策 [J]. 石油化工建设，2023（9）：162–164.

[9] 杜侃方 . 海洋石油钻井机械设备腐蚀因素与防治技术分析 [J]. 当代化工研究，2023（18）：158–160.

[10] 许尔跃 . 海洋石油钻井机械设备的管理与维护 [J]. 中国石油和化工标准与质量，2023（1）：69–71.

[11] 王永夏 . 石油钻井机械设备腐蚀快速检测方法 [J]. 中国石油和化工标准与质量，2023（24）：51–53.

[12] 郭红霞 . 低渗透油田采油新技术研究 [M]. 长春：吉林科学技术出版社，2022.

[13] 吴奇 . 采油工程方案设计 [M]. 北京：石油工业出版社，2022.

[14] 席文奎 . 基于公理设计的新型石油装备及工具设计开发 [M]. 成都：西南交通大学出版社，2022.

[15] 赵殿栋 . 地球物理在油气勘探开发中的作用 [M]. 北京 ：石油工业出版社，2022.

[16] 王萍，王亮 . 钻井力学基础 [M]. 北京 ：石油工业出版社，2022.

[17] 刘志坤，张冰 . 钻井工程 [M]. 北京 ：石油工业出版社，2022.

[18] 尹虎 . 钻井与完井工程基础 [M]. 北京 ：石油工业出版社，2022.

[19] 王志远，孙宝江，徐加放 . 海洋油气钻井工程理论与技术 [M]. 东营：中国石油大学出版社，2022.

[20] 孙力 . 石油钻采机械设备常见故障及预防措施分析 [J]. 石化技术，2022（9）：232–234.

[21] 王方彬，贺东洋，王子维 . 石油钻采设备用阀杆断裂失效问题探讨 [J]. 石油和化工设备，2022（1）：24–25.

[22] 李来 . 石油钻采机械设备故障分析与有效预防措施研究 [J]. 清洗世界，2022（1）：169–171.

[23] 夏斌，蔡冰，贾荣荣 . 石油钻井机械钻速扭矩自动控制方法分析 [J]. 中国设备工程，2022（15）：212–214.

[24] 郑德帅，陈丽萍 . 钻柱旋转滑动控制工具的研制与应用 [J]. 钻采工艺，2022（3）：94–98.

[25] 王善涛 . 石油钻井机械设备的管理与维护策略 [J]. 化工设计通讯，2022（4）：37–39，51.

[26] 闫旭光 . 石油钻井机械设备现场管理质量的提升策略研究 [J]. 中国设备工程，2022（21）：51–53.

[27] 郝健，王迪，倪小涛 . 浅析石油钻井机械设备现状及质量控制措施 [J]. 中国设备工程，2022（17）：239–241.

[28] 李占国 . 浅析石油钻井机械设备的管理及其维护 [J]. 中国战略新兴产业，2022（18）：167–169.

[29] 恩文奎 . 浅谈石油钻井机械设备保养维修 [J]. 石油石化物资采购，2022（19）：13–15.

[30] 韩传军，郑继鹏，胡洋 . 采油螺杆泵的仿真与模拟技术 [M]. 北京 ：科学出版社，2021.

[31] 谢彬，喻西崇 . 海洋深水油气田开发工程技术总论 [M]. 上海 ：上海科学技术出版社，2021.

[32] 侯广平，党民侠 . 钻井和修井井架底座天车设计 [M]. 北京：石油工业出版社，2021.

[33] 陈志勇 . 石油钻采起升系统设备故障分析 [J]. 中文科技期刊数据库(全文版)自然科学，2021（12）：124–125.

[34] 张平波 . 石油钻采设备的几种常见的发动机故障分析 [J]. 文渊（高中版），2021（9）：488–489.

[35] 赵剑飞 . 石油钻采机械设备故障防治与管理 [J]. 百科论坛电子杂志，2021（2）：473–474.